アフリカのホモ・サピエンスが天皇制国家・日本を建国するまでの歴史

本田幸雄

幻冬舎ルネッサンス新書
247

はじめに

『自然叡智　人類の叡智』（一三八億年前のビッグバンから二〇二〇年までの地球と人類の歴史、巻末参照）では、多くの国の建国の歴史を見てきましたが、いずれの国でも古来、建国神話から歴史が始まっていました（たとえば、ローマはロムレス、レムスの物語から）。しかし、現代ではいずれの国も神話はその国の文化として、建国史はその国の歴史として区別していますが、日本ではまだ、そこが混然一体、曖昧なままです（日本では曖昧にして先送りする国民性のようで、それが現在も続いているようです）。

日本では『古事記』『日本書紀』（合わせて記紀と言います）に次のような日本建国の歴史が記されているよと言う人もいます。

日本では、天を治める天照大神《あまてらすおおみかみ》が地上を治めるために天降《あまくだ》らせた、その子孫である神武《じんむ》天皇《てんのう》が紀元前六六〇年（辛酉年《しんゆうねん》）二月十一日に即位して、日本を建国したとなっていますが、これは記紀での神話であります。

それでは本当のところはどうなんだということになりますが、それが日本ではまだ、よくわからないとなっています。そこで真の日本の建国の歴史を明らかにしようとして書いたのが本書です。
地球が誕生して四六億年、その地球に生物が誕生して四〇億年、その中から脊椎動物が誕生して五億年、その脊椎動物の両生類が上陸し、爬虫類、恐竜、哺乳類、鳥類などが次々と誕生してきました。六五〇〇万年前の巨大隕石の衝突で地球上を支配していた恐竜が絶滅して哺乳類の時代がやってきましたが、その時の哺乳類はすべて大きさも姿もネズミのような動物でした。

そのような哺乳類の中から霊長類（サル類）が生まれ、類人猿が生まれ、その中から二足歩行をする人類が生まれたのは七〇〇〜五〇〇万年前のアフリカでした。この人類もアフリカの中でラミダス猿人、アナメンシス猿人、アファレンシス猿人を経て、二五〇万年前にホモ・ハビリスが誕生し、石器を使い狩りを始めました。

一八〇万年前、ホモ・ハビリスからホモ・エレクトスに進化する頃になると脳の大型化が進み、ホモ属（ヒト属）だけが他の動物から抜け出し、人間圏を形成するようになりました**（記紀神話によりますと、この約一八〇万年前頃に、天照大神がニニギノミコトを地上に天降らせたことになっています）**。

ホモ・エレクトスからホモ・ハイデルベルゲンシスと進化して、約二〇万年前にホモ・サピエンス（現生人類）が誕生しました。そのホモ・サピエンスが八万五〇〇〇年前頃に、アフリカを出て、南ルート、北ルート、ヨーロッパ・ルートなどに分かれて世界の各地に分散して行きました。

そのホモ・サピエンスはユーラシア大陸の北方ルートで四万年前頃に日本列島に第一陣が到着しました。このホモ・サピエンスは、移動しながら狩猟採集で生活している旧石器人でした。この旧石器人の到来後も日本列島には大陸や朝鮮半島の先進技術や文化を持った人々が次々と流入してきました。その状況は最新の遺伝子分析からも分かるようになりました。日本の旧石器人は、一万六五〇〇年前頃から土器を使用しクリなどの堅果《けんか》類も食料としはじめた縄文人となり、三〇〇〇年前頃から水田稲作をはじめた弥生人となり、人口も増大し、ムラをつくりました**（記紀神話によりますと、この二六六〇年前頃、神武天皇が奈良の白檮原宮で即位し日本国を建国したことになっています）**。弥生人に貧富の差が生じ、外敵に備えて環濠集落をつくり、紀元前後には日本各地に小さなクニをつくりました。

最初は地域的な原初的なクニが一〇〇ぐらいできましたが、やがて畿内や筑紫・吉備・出雲など三〇ヶ国ぐらいにまとまり、二世紀後半の倭国大乱《わこくたいらん》を契機に女王卑弥呼《ひみこ》の邪馬台国《やまたいこく》を中心とした倭国連合国家が成立しました。この邪馬台国の纒向《まきむく》中心の倭国連合国家には、役人組織や租税制度があり、税物を収納する大きな倉庫があり、クニグニには物資を交易する市があり、流通を監督する「大倭」という役人が置かれました。クニグニは邪馬台国から派遣された大官と副官という地方監督官により統治され、九州の伊都《いと》国には官僚を常駐させ、大陸との外交の窓口としていました。

卑弥呼の死後も邪馬台国を中心とする大和政権は維持されていましたが、四世紀はじめ頃、邪馬台国の大和政権を倒した「大王《おおぎみ》」（天皇の祖先）の政権は、邪馬台国の統治システムをあまり変更なく継承していきました。

この大和政権は、大陸や朝鮮半島からの渡来人がもたらした先進知識や技術も生かして、国家統治の仕組みを段階的に高めていきました。その際、日本の古代国家は、日本社会内部の動きによって形成されていった面と、中国・朝鮮半島諸国との交流の中で、その影響を受けて形成されていった面とがありました。こうして、七〇一年の大宝律令の制定をもって天皇制国家・日本は完成しました。

本書では、地質学、生物学、人類学、日本史、西洋史、東洋史、世界史、遺伝子分析の最新科学技術などに細分されることなく、広義の歴史という観点から「人類の誕生から天皇制国家・日本の成立までの歴史」を一貫して見ています。そうすることによって、新しい観点から、人間とは何か、日本人とは何か、国家とは何か、日本国とは何か、天皇制とは何か、などを「現在と過去と対話」して考えることができるのです。

本書は、一三八億年前のビッグバンまでさかのぼって、この宇宙と地球と人類の歴史を一貫して記している『自然の叡智 人類の叡智（地球・人類の歴史）』（巻末参照）の中から、人類が誕生して日本国を作り上げるまでの歴史を抜粋・加筆してまとめたものです。

『アフリカのホモ・サピエンスが天皇制国家・日本を建国するまでの歴史』

目次

第一章　アフリカのホモ属（ヒト属）

《一》二足歩行を始めたホモ属（四〇〇〇万年～二五〇〇万年前）

地球が誕生して四六億年、その地球に生物が誕生して四〇億年、その中から脊椎動物が誕生して五億年、その脊椎動物の両生類が上陸し、爬虫類、恐竜、哺乳類、鳥類などが次々と誕生してきました。六五〇〇万年前の巨大隕石の衝突で地球上を支配していた恐竜が絶滅して哺乳類の時代がやってきましたが、その時の哺乳類はすべて大きさも姿もネズミのような動物でした。

そのような哺乳類の中から霊長類（サル類）が生まれ、その霊長類から二五〇〇万年前頃、類人猿（ヒト上科・ホミノイド）が分岐しました。二〇〇〇万～一〇〇〇万年前には多種多様な類人猿がいたことは多くの化石の発見でわかっていますが、それ以後の時期（一〇〇〇万年前以降）の類人猿化石の発見は驚くほど少なく、これが類人猿の段階から人類の段階への進化を具体的に考えるのを困難にさせています。

テナガザルは遺伝子分析によりますと、ヒトに至る共通の祖先から一八〇〇万年前に分かれたと言われています。現生のテナガザル類は、インドネシアおよびボルネオを含む東南アジアの熱帯雨林に生息しているだけです。

以下同じく類人猿の遺伝子分析によりますと、私たちの共通の祖先からオランウータンが分岐したのは、およそ一四〇〇万年前でした。オランウータンは現在、スマトラ島とボルネオ島にしかすんでいません。

私たちの共通祖先からゴリラが分岐したのは、八〇〇万年前です。現生のゴリラはアフリカ大陸の赤道直下の樹林に生息しています。

私たちの共通祖先から、七〇〇万年前から五〇〇万年前の間に、アフリカのどこかで、私たち人類とチンパンジーは分かれました。ということは、それからの七〇〇～五〇〇万年の間に、人類は現在の人類社会を築き、チンパンジーはアフリカのジャングルでチンパンジー社会を営んでいるということになります。逆に言いますと、私たちの人類の祖先も七〇〇万～五〇〇万年前は、たぶん、チンパンジーに近かったと想像できます。

現在のところ、人類がしっかりした二足歩行をしていたことが、確認されているのは、およそ三九〇～三〇〇万年前に生きていたアファール猿人からであります。それ以前については、つまり、四〇〇万年前より前の時代に、果たして人類は二足歩行をしていたかどうかについては、研究者の意見は必ずしも一致しているわけではありません。

四〇〇万年前より古い人類化石の主なものは、アルディピテクス・ラミダス（四四〇万年前）、アルディピテクス・ガダバ（五八〇～五二〇万年前）、オロリン・ツゲネンシス（六一〇～五八〇万年前)、トゥーマイ(七〇〇万年前)などですが、現段階では、いずれも二足歩行を行っていたという確実な決め手を欠いているといえます。

二足歩行後の人類化石の発見

一九七四年、フランスのドナルド・ジョハンソンらのグループが図一のエチオピア北東部のハダール村で三一八万年前のアファール猿人(アウストラロピテクス・アファレンシス)のルーシーを発見しました(発見された当夜、ラジオから流れていたビートルズの曲「ルーシー・イン・ザ・スカイ」にちなんで命名されました)。数百点もの骨の破片が集められ、全身の四〇%にあたる骨がまとまって見つかった非常に貴重なものでした。

ルーシーは、身長一・一メートル、体重二九キログラム、一般的なチンパンジー(メス)に近いようにも見えました。脳容積は三七五~五〇〇立方センチメートルで脳もそんなに大きくありませんでした。しかし、骨盤と足の骨は、機能的には現代人と同じものであり、確かに直立歩行していたことを示していました。

ルーシーの属するアファール猿人は、その後もいろいろ発見されて、三九〇万年前から三〇〇万年前に、東アフリカの大地溝帯に暮らしていた人類種で、確かに二足歩行をしていたと認められています。

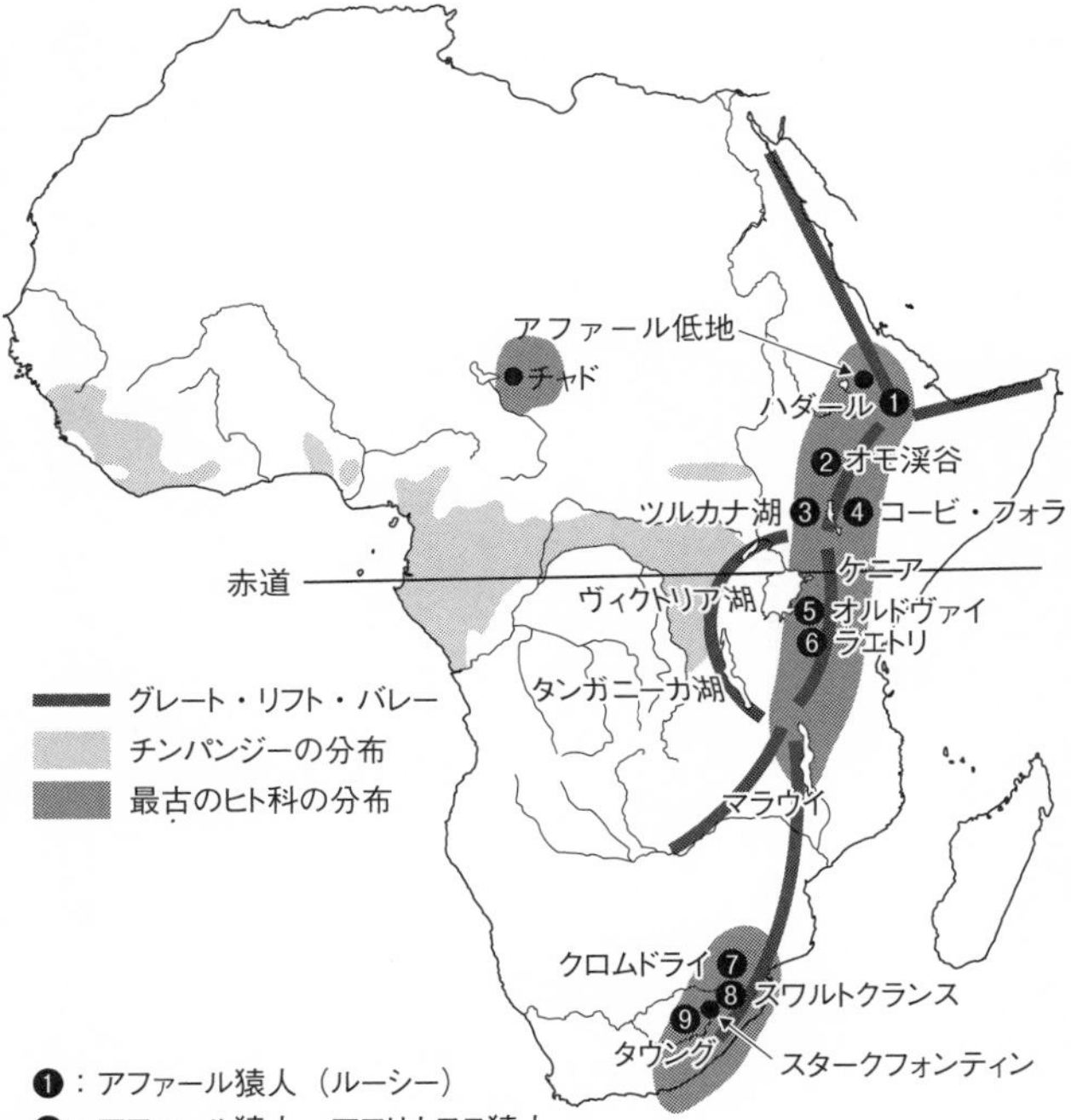

❶：アファール猿人（ルーシー）
❷：アファール猿人、アフリカヌス猿人、
　　ホモ・ハビリス、ホモ・エレクトス
❸：ボイセイ猿人、ホモ・エレクトス
❹：ボイセイ猿人、ホモ・ハビリス、ホモ・エレクトス
❺：ボイセイ猿人、ホモ・ハビリス、ホモ・エレクトス
❻：アファール猿人
❼：ロブストス猿人
❽：ヒョウの牙痕のついたロブストス猿人、
　　ホモ・ハビリス、ホモ・エレクトス
❾：アフリカヌス猿人

図一　アフリカの猿人・ヒト化石の発掘場所
出典：日本放送出版協会『地球大進化６』

アフリカで発見された人類化石を古い方から整理して、図二を作成しましたが、四四〇万年前のアルディピテクス・ラミダス、四二〇万〜三九〇万年前にアウストラロピテクス・アナメンシス、三九〇万〜三〇〇万年前にアファール猿人、三〇〇万〜二五〇万年前のアフリカヌスに進化したと考えられています。

ここで、アウストラロピテクス・アナメンシスは、アルディピテクス・ラミダスとアファール猿人をつなぐものとして考えられ、脛骨の形から二足歩行をしていた可能性がありますが、いろいろ批判もあります。

また、アフリカヌスは横道に入りすぎた種であり、ホモ属への系統から外れているという意見もあり、アフリカヌス猿人を外すこと

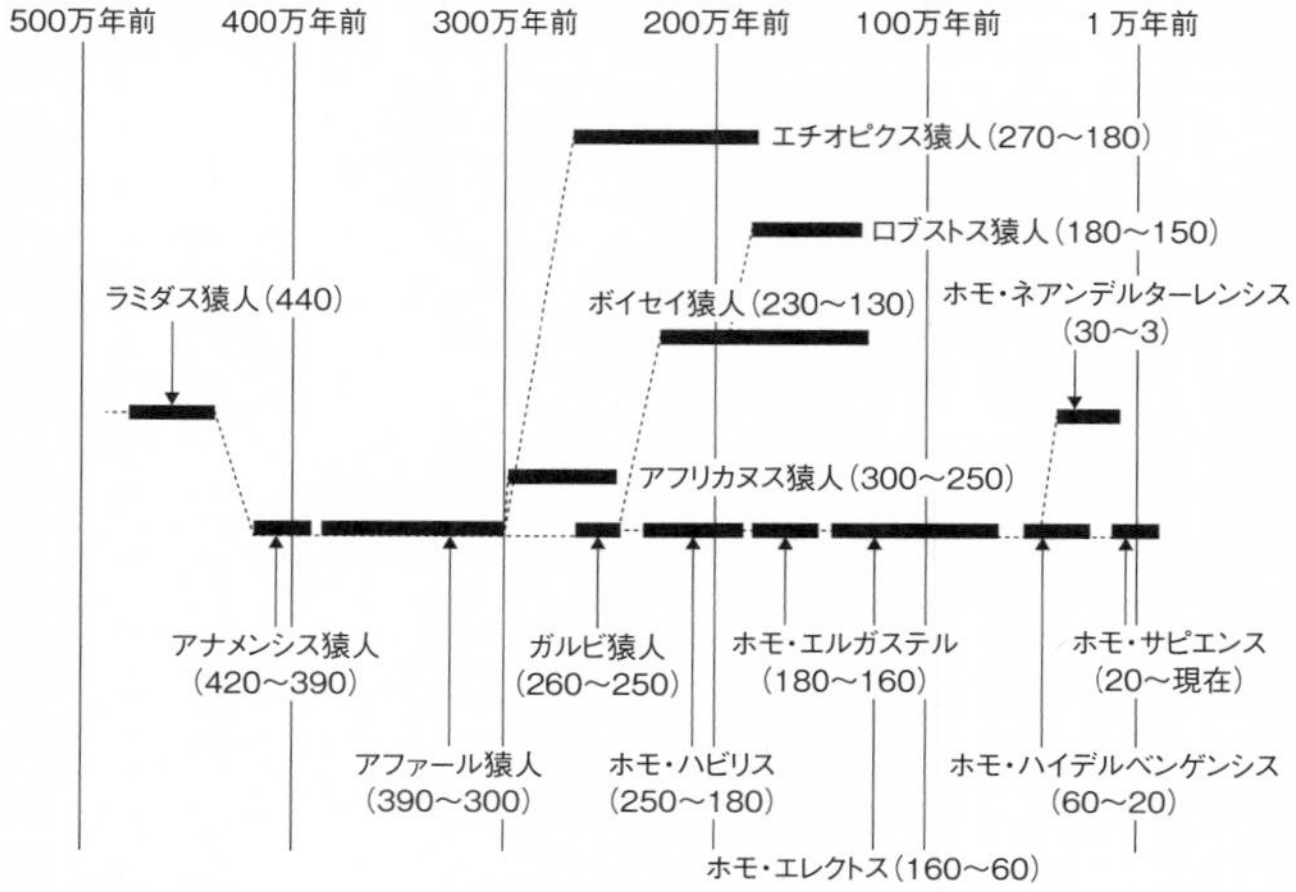

図二　人類の進化（推定を含む）　筆者作図

もありえます（図二では外してあります）。この頃、東アフリカで乾燥化が進み、既存の草食獣は乾燥に適応した動物種に遷移しました。この環境変化に対応するために、アファール猿人に二つの方向への進化が起きました。一つは、乾燥化で拡大したサバンナで死肉漁《あさ》りの機会の広がった環境に適応したホモ属（ヒト属。ホモ・ハビリス）の系統です。

もう一つが、根茎類などの地下茎の硬い食物に適応した頑丈型（パラントロプス・エチオピクス）で、アファール猿人からの分岐は、こちらの方が早かったでしょう。その方向に舵を切れなかった基幹となったアファール猿人は絶滅しました。

図二において、二五〇〇万年前のホモ・ハビリス以降のホモが付くものは、すべて私たち人類に直接つながるご先祖であることがわかってきました。ホモ・ハビリスは二五〇〇〜一八〇〇万年前でしたが、その後二六〇〇〜二五〇〇万年前のアウストラロピテクス・ガルヒが石器を製作していたことがわかりましたので、ホモ・ハビリスの前に入るかもしれません（図二ではそうしています）。

その後、ホモ・ハビリスはホモ・エルガステル（一八〇〇〜一六〇〇万年前）、ホモ・エレクトス（一六〇〇〜六〇〇万年前）、ホモ・ハイデルベルゲンシス（六〇〇〜二〇〇万年前）、ホモ・サピエンス二〇万年前〜）へとつながりました。

一方、パラントロプスの系統からは、エチオピクス（二七〇～一八〇万年前）はエチオピアとケニアに、ボイセイ（二三〇～一三〇万年前）はケニア、タンザニア、エチオピアに、ロブストス（一八〇～一五〇万年前）は南アフリカなどに現れましたが（化石が出土しましたが）、一三〇万年前頃に絶滅したと考えられています。乾燥した草原で硬い植物を食べるために歯と顎が巨大に発達し、頭頂部には側頭筋が付くためのゴリラのような矢状稜がありましたが、脳容積や体の大きさはアウストラロピテクスと本質的に変わりませんでした。

人類の多様な進化

三〇〇万～二〇〇万年前にかけ、気候変動により草原が広がったことで、ウシやレイヨウなどの草食動物がいっせいに多様な放散を遂げていました。森が減少して、大草原が広がったことは草食動物にとってはよいことでしたが、類人猿や誕生したばかりの人類にとっては厳しかったようです。

人類の祖先は、草原という新たな環境が出現し、草原に出て行ったもの、森の近くに残ったものに分かれました。さらに食性や気候変動によって、それぞれが孤立し、種を多様化させていきました。当時の人類祖先は、五〇人ほどのグループを作り、食料の分配や貯蓄など、社会性を発達させて生活していました。

アフリカの草原が拡大した二〇〇万年前頃の時期には、パラントロプス以外にも人類の仲間が数多く見つかっています。ケニアの東ツルカナ地方では、ホモ・ハビリス、ホモ・ルドルフェンシス、パラントロプス・ボイセイ、パラントロプス・ロブストス、ホモ・エルガステルが共存していたことになります。

七〇〇万年前から、現在のホモ・サピエンスまでの間に、細かく分類すると約二〇種類にのぼる人類の祖先がいたことになります。つまり、人類の祖先もまた、他の生物と同じように、環境変動によって孤立し、さまざまな種に分かれ、その中から成功したものが繁栄し（失敗したものが絶滅し）、子孫を残すという進化の道を歩いてきたのです。

《二》ホモ属の進化（二六〇万年～二〇〇万年前）

ここまでは人類といえども、他の動物と同じように、ダーウィンの「進化論」で説明できる生物圏の一員にすぎませんでしたが、ホモ・ハビリスからホモ・エレクトスに進化する頃になると脳の大型化が進み、ホモ属（人類）は狩猟採集の移動生活をしながら他の動物から抜け出した人間圏を形成するようになりました。

ホモ・ハビリスの時代（二五〇～一八〇万年前）

一九六四年、タンザニアのオルドヴァイ渓谷（図一参照）で、ケニアの古人類学者ルイス・リーキー（一九〇三～一九七二年）によってホモ・ハビリスの化石が発見されました。同じ地層から石器なども発見されたので、ホモ・ハビリス（「器用な人」の意味）と名づけられました。

その後の研究を総合しますと、ホモ・ハビリスは身長一三〇センチメートル、脳容積は現生人類の半分程度の七〇〇立方センチメートルでした。現在分かっている限り最も初期のホモ（ヒト）属で、二五〇万～一八〇万年前まで存在していたと考えられています。

このリーキーが発見した化石は下顎骨、頭骨および手の骨の一部でしたが、この手の骨は、拇指《ぼし》（親指）が他の指と向かい合わせに曲げられるという能力（拇指対向性と言います）を備えていて、ヒトの指を器用に動かす基本的な特徴となっています。私たちが棒をつかむときは親指と他の四本の指を使って強く握りしめます。これを握力《あくりょく》把握《はあく》と言います。これに対して、たとえば、箸《はし》、楊枝《ようじ》などを使うときは親指と人差し指、またはこれに中指を加え、指先で軽くつまみます。これを「精密把握」と言います。

霊長類や類人猿は把握能力を獲得していましたので、枝などの把握はできますが、拇指対向性がないので細かな指先作業はできません。人類はホモ・ハビリスからそれができるようになったのです。これは大変な進歩（進化）でした。そこで「器用な人」と名づけられたのです

（日本人は器用で物作りがうまいと言われましたが、もともと人類すべてが器用なのです）。

タンザニア・オルドヴァイ渓谷で発見された石器は、丸い礫《れき》（つぶて）の一部を単純に打ち割った石核石器でした。このオルドヴァイ型の石器は、一〇〇万年以上にわたって、あまり変更なしに使われました。一〇〇万年もまったく進歩がなく、ほとんど模倣して石器を作っていたのではないかと思われるほどで、現在の人間の基準から見れば、全く創造性を欠いているようにもみえます。

しかし、その模倣も大切なことです。誰か一人が創造し、それが便利だと思ったら、それを真似《まね》る（学ぶ）、これはこれで立派なことです。みんなが真似て、学んで、はじめて、それがその社会に広まり、ひいては、次代に受け継がれていきます。それが重要なことです。創造と模倣（真似る＝学ぶ）、これは人類の大きな特徴となるものでした。ホモ・ハビリスはそれを一〇〇万年間も絶えることなく継続したのです。チンパンジーなども簡単なことはやりますが、長続きがしません。それは類人猿をはじめ他のいかなる動物にもできない人類だけができることでした。

ここから、ホモ（人類）社会には、「創造と模倣・伝播の法則」が働くようになりました。ある者が石器を発明し使っているのを見た者が真似（学ぶ）をしてやってみる。便利であれば、他の者がまた、真似（学ぶ）をする。真似ることがなければ、このように社会システムが普及しなかったでしょう。この石器は、最初は一〇〇万年ぐらいほとんど変わりませんでしたが、やがて、創造（改良）が加えられ、多様化し、長い年月の積み重ねののち現代の技術社会に至ったのです（それはこれから述べることですが）。

石器を何のために作ったかといえば、主として食料を得るためでした。ホモ・ハビリスのオルドヴァイ渓谷の遺跡から出てきた骨をよく見ると表面に無数の傷がついていました。割れた動物の骨の化石が出てきていますが、この骨は、骨髄を取り出して食べた残りの骨だと考えられています。このような遺跡から出てきた動物の骨を現在の狩猟民のそれと比較検討した結果、両者の共通点の多さなどから、人類の肉食の起源は二六〇万年前までさかのぼることがわかってきました（図二のガルビ猿人を含めます）。

石器（道具）を作って使うには手を動かさなければなりません。手を支配しているのは脳です。脳が働いて、手を動かして仕事をし、手でさわって外の世界を知る。しかし、逆に、手を使うことによって脳の働きが向上するという側面もあります。手を使うことによって脳を発達させたとも言えるのです。

道具を作って使ったホモ・ハビリスは脳容積が少しずつ大きくなっていったことは化石でわかっていますが、石器作りだけでなく、それを使って狩りを行うことも脳をきたえることになりました。狩りには大変な集中力と、知識が集約されています。

ホモ・ハビリスは、集団で食料を求めて放浪しましたが、簡単な石器しか持っていなかった彼らは、自分で狩りをする力はまだなかったでしょう。彼らが探していたのは、最初は肉食獣の食べ残しでした。死肉という新たなカロリーの高い食料源をおそらくは偶然に手に入れたでしょう。次からは死肉を探し始めたでしょうが、ライオンやハイエナと戦う力はなかったでしょうから、競争相手が食事を済ませてその場を立ち去るまでじっと待ったでしょう。この段階で残されるのは骨だけだったでしょう。しかし、彼らはオルドヴァイ型石器を使って骨を砕くことができました。四肢の骨や頭骨には貴重な骨髄や脳みそ、すなわち純粋な脂肪分が含まれており、骨は栄養たっぷりの食料源となりました。

その次からはホモ・ハビリスは肉をもっと効率的に手に入れるために、さまざまな工夫を始めたでしょう。石器を工夫し、集団で肉食獣を脅し追い払い獲物を横取りできるようになったでしょう。これは肉食獣と直接戦うより易しかったでしょう。さらには、小さい獲物は自分たちで狩る工夫も始めたでしょう。死肉探しから始まった肉食は、やがて狩猟へと発展していったでしょう。体力的に劣っていたホモ・ハビリスが選んだのは肉を得るために脳を使う、つまり知力を使うことでした。

ホモ・エレクトスの時代（一八〇～六〇万年前）

人類学者のリチャード・リーキー（一九四四年～。ルイス・リーキーの長男）は、一九八五年にエチオピアのツルカナ湖周辺（図一参照）でツルカナ・ボーイの化石を発見し、ホモ・エルガステルと命名しました。一七〇万年前の一二歳前後の少年の化石は、頭骨、四肢骨、躯幹骨の多くがそろっていて、ほぼ完全に近い全身骨格でした。成人になれば一七〇センチメートル余りになったと推定され、ほぼ現代人なみになっていました。

このホモ・エルガステルはその後発見されたホモ・エレクトスに分類上統一されましたが、東アフリカの初期ホモ属をホモ・エレクトスとは別種とするときにはこの名称が用いられます。

ホモ・ハビリスから分岐したホモ・エレクトスという新しい種は、脳も体も行動も変化したようでした（最近、一四四万年前のホモ・ハビリスが発見され、狭いツルカナ湖周辺で長期間、形態がかなり異なるホモ二種が共存することはあり得ないということで、ホモ・ハビリスはホモ・エレクトスとは共通の祖先から枝分かれし、現生人類へとつながることなく絶滅した種であるという説が出されています）。

ヒトらしくなったホモ・エレクトス

ホモ・エレクトスはホモ・ハビリスに比べ、より大きな脳容積、額の傾斜がゆるく小さな眼《がん》窩上《かじょう》隆起《りゅうき》、より平坦な顔面、華奢《きゃしゃ》で丸い頭骨、より現代人に近い歯列でした。また歯はより小さく、現代人に近くなっていました。

ホモ・エレクトスの骨格にはじめてヒトらしい特徴が見られるようになりました。たとえば、腕の長さを比較すると、類人猿では腕の長さが足の長さより長かったのですが、ホモ・エレクトスはヒトと同じようになっていました。これは避難場所としていた木にとうとう別れを告げて完全に地上で生活することにしたということです。また、樽型《たるがた》の胸郭は、小さめの腹部の上に位置していました。これは食事内容が豊かになり、肉食が加わったことを示しています。肉食が普及するにつれて消化管が短くなってきた様子が見て取れます。これは後述しますように火を使用するようになり、調理した食物を摂取するようになるとカロリーや脂肪の摂取量が増え、それがエネルギーを求めていた脳に栄養を与えてその進化をも促したと考えられています。

簡単な言葉を話すようになったホモ・エレクトス

ホモ・エレクトスの胸骨には、発声機能が発達していました。二五〇万年前のアウストラロピテクスの胸骨の形はまっすぐですが、ホモ・エルガステル（初期のホモ・エレクトス）の胸骨は膨らんでいます。発声機能の基本である呼吸を調節するための神経は、ホモ・エルガステル以降に発達したと考えられています。

人間の脳のなかでも言葉を発するときに活動する場所は、二つあって、一つは小脳、もう一つは大脳の前頭葉です。人間の言葉はきわめて複雑な運動機能で制御されています。肺で呼吸し、声帯を振動させ、さらに口の筋肉を微妙に調整する必要があります。こうした発声機能をコントロールするために、人間は、他の霊長類に比べて小脳が発達しています。二〇〇万年前のホモ属の頭骨化石の小脳部分は、類人猿に比べて拡大しており、この年代から少なくとも発声システムを身につけていたと言われています。

そして、脳の大脳皮質・前頭葉の活動ですが、この部分は類人猿からヒトへの変化において、脳がもっとも拡大した部分です。この前頭葉は言語の基本となる記号化を担当しています。記号化とは、ものごとを置き換えて認識する力と言えます。たとえば、イヌを見たときに、イヌと言う記号（言葉）をあてはめて認識し、反対にイヌと言う記号（言葉）を聞いて、イヌの姿を思い起こす能力であります。前頭葉の発達が、記号と記号を結合して文章をつくりだす言語能力につながったと言われています。

一度このシステムが出来上がると、脳と言語はお互いに影響しあって進化します。脳は、言語に合わせて記号化の神経網を発展させ、そして言語は脳に、より適した形に変化していくというのです。つまりお互いに影響しあって、脳と言語能力は進化してきたのです。

いずれにしても、人類は、ホモ・エレクトスの時代から、簡単な言葉を話すことができるようになったと考えられています。これが後述しますようにホモ・エレクトスの脳容積を急増させた理由の一つでもあったのです。

（このように胸郭、小脳、大脳皮質と人類の言語能力は、二〇〇万年の長い年月の積み重ねのなかで育まれてきた能力ですが、それが二〇万年前のホモ・サピエンスの時代を迎えて、これらを統合する言語遺伝子と言われるＦＯＸＰ２遺伝子にスイッチが入り統合的に使えるようになり、飛躍的に言語能力が増大したことは後述します）。

無毛化の進行

二〇〇〜一八〇万年前までのホモ属（ヒト属）は、ヒトというより類人猿に近い身なりをしていたと考えられています。しかし、ホモ・エレクトスはアフリカのサバンナの暑いところを本格的に二足歩行するようになりました。暑いと能率が落ちます。能率よく歩くためには汗をかき汗を蒸発させて余計な体熱を逃がすことが必要です。そのためには、むきだしの皮膚になる必要があります。ヒトがチンパンジーに生えているような体毛を失いはじめたとき、青白い皮膚がむき出しになったと考えられています（現在のチンパンジーの毛の下の肌は青白くなっています）。

紫外線を遮《さえぎ》るふさふさとした毛がなくなり、皮膚が紫外線に直接さらされるようになりますと皮膚がんの原因ともなります。また、紫外線はヒトの葉酸という重要な栄養素を破壊します。葉酸が壊れれば、生殖能力は落ちやすいので、子孫を少ししか残せないか、子孫をまったく作れなくなってしまいます。

人体において、紫外線を遮る機能は皮膚色素タンパク質であるメラニンが担います。そこで、あるときメラノコルチン受容体遺伝子が突然変異を起こして、ホモ・エレクトスの皮膚細胞で合成されるメラニン色素が多くなり皮膚の色が濃く（黒く）なりました。こうしてホモ・エレクトスは皮膚の色が黒くなって紫外線の影響を防ぐことができました。

この新しい遺伝子はダーウィンの進化論により数世代を経るうちに集団に広がっていきました。つまり、黒い肌の人が生き残る率が高く、それが代々重なっていって、ついにはすべて黒い肌になったのです。そしてアフリカ人（当時、人類はアフリカ人だけでした）はすべて黒い肌になりました。遺伝子分析によって、そのメラノコルチン受容体遺伝子が突然変異を起こした時期は一七〇万年前でした。つまり、アフリカ人の肌が黒くなったということは無毛になったということです。

結局、人間が無毛になった理由は、アフリカの炎天下を汗をかきながら（後述しますように狩りをしながら）走り回ったことから突然変異が起きて無毛の方に進化していったと考えられています。

二足走行と本格的な狩りの開始

ホモ・エレクトスの直立二足歩行は完成の域に達していました。腰の上に載った胴、その中央にある平たく幅の広い骨盤、垂直方向にかかる衝撃を吸収するS字状の背骨などがバランスを保ち、（足の指も短くなり）しっかりした足取りで歩行できるようになったのです。

その上にホモ・エレクトスには走る能力が備わりました。歩くときにはあまり使いませんが、走るときには重要な尻の筋肉（大臀筋《だいでんきん》）も、ホモ・エレクトスでは大きくなっていました。さらに、耳の内耳にある三半規管は平衡感覚や回転感覚をつかさどり、走るときに重要なものですが、ホモ・エレクトスでは大きくなっていました。ホモ・エレクトスは私たちと同じように頭を一定の高さに保ったまま、長距離を走ることができるようになりました。

この走行能力の獲得は狩猟に役立ちました（逆に狩猟をやっているうちに走行能力がついたのでしょう）。動物性の食物を手に入れる方法は主として二つありました。一つは他の捕食動物が残した死肉をあさること、もう一つは生きた獲物を直接狙うことでした。前者は、ホモ・ハビリスとホモ・ルドルフェンシスの段階でやっていたことです。後者はホモ・エレクトスの段階ではじめた本格的な狩りでした。

毛皮を持つ哺乳類は、気温の下がる夕方か早朝、あるいは夜中に狩りをするのが普通です。アフリカのサバンナに暮らすライオンなどは暑い日中に走り回ると熱中症で倒れてしまいます。

日中の暑いさなかの捕食動物は、日陰にいるときでさえ、口を開けて「はあはあ」させて、体熱を逃がそうとしています。時速六〇キロメートル以上で疾走するガゼルを追いかけることなどとうてい無理です。

ところが、ホモ・エレクトスは裸になった皮膚で汗を蒸発させて余計な体熱を逃がし、アフリカの暑い日中でも活動できるようになりました。獲物の草食動物の走行速度は非常に速かったのですが、すべて四肢の毛皮付きの獣であり、暑さで長距離走には耐えられません。ホモ・エレクトスだけはアフリカの炎天下での長距離走においては、他のどの哺乳動物よりも持久力があり、獲物が力尽きて倒れるところまで追って石器で仕留めることができるようになりました（もともと二足歩行は四足歩行より省エネルギーです）。

ホモ・エレクトスは、こうした狩りによって可能となった高タンパク、高脂質の食生活のおかげで大きな脳と体を持てるようになりました（しかし、人類は本格的に二足歩行をはじめたことによって、数々の肉体的な障害も発生するようになりました。心臓の位置が高くなり、体重が腰のあたり（腰椎《ようつい》や骨盤）に集中するようになったため、現代人にも通じる腰痛、膝関節痛、心臓病、危険を伴う出産などの代償が伴うようになりました）。

火の使用の開始

火を使ったという最古の証拠は、ケニアのツルカナ湖畔コービ・フォラ（一七ページの図一参照）の炉床であり、一六〇万年前です。「人類のゆりかご」と言われる南アフリカのスワルトクランスの遺跡（図一参照）からは、石器とともに燃えた骨が出土しています。このスワルトクランス洞窟には一二〇万年前の火の利用跡が残されています。北京原人は、これらと比べるとずっと後の時代ですが、火を使用していました。

ホモ・エレクトスは雷や野火など、なんらかの方法で火を手に入れたと考えられています。この火を持ち帰り、自分たちのものとしたとき、ホモ・エレクトスを取り巻く世界は一変したことでしょう。

火の利用は、夜行性の肉食獣が活動する危険に満ちた夜に敵を遠ざけ、ホモ属を解放しました。そして、ライオンやトラを追い払うために火を使用しているうちに偶然に焚き火で料理ができることを発見したのでしょう。

ホモ属はもともと木の実や果実や葉っぱ類を食べていました。それがホモ・ハビリスの時代から肉食もはじめたのですが、肉の獲得は安定性に欠けるので、食物が少ない時期や狩りで獲物が獲れなかったときに、どう対処するかが、生き残るために最重要のことでした。食物欠乏時には乾燥地帯に生えている地下根茎（芋など）やドングリなどの木の実に依存したでしょう。

この火の使用によって、この根茎類も木の実も焼いて食べれば、栄養豊富でおいしい食事になることがわかりました。それがわかると、他のものも真似《まね》てやったでしょう。つまり、「創造と模倣・伝播の法則」で、火を使って食物を料理することも広まったのでしょう。

根茎類やドングリの「生のでんぷん」を電子顕微鏡で見ると固い結晶構造をしていて、人間はほとんど消化できませんし、うまくもないのですが、これが「加熱したでんぷん」になると固い結晶構造がほどけ、ブドウ糖というエネルギーのもとになる物質に変化します。このブドウ糖の形でかみしめると、舌の味蕾《みらい》という味覚センサーにふれて脳に伝わり、「甘くておいしい」と感じるようになります。つまり、人類は火の使用によって初めて「食の喜び」を知ったのです。これは食の大革命でした。

加熱されたでんぷんがホモ・エレクトスの体にも大進化を引き起こしました。加熱されたでんぷんは体内で糖に分解され、腸から吸収され、脳に集中します。もっともエネルギーを使うところが脳ですが（現代人ではエネルギーの二〇％を脳で使います）、この脳にブドウ糖がたくさん使えるようになり、脳の神経細胞はブドウ糖をあますところなく吸収して大いに活動するようになり、脳の発達を促しました。

また、根茎や木の実などは非力な女性でも集めることができるので、食物を用意するという女性の役割がますます重要になったことでしょう。ホモ・エレクトスの体格の性差（性的二形）が小さくなったことが示していますように、男女の共同パターンも発達していったにちがいありません（後述する家族の成立を示唆します）。

このように、さまざまな道具（石器）の発明、狩りの学習、火の利用、私たちの祖先ホモ・エレクトスは、サバンナで生き残っていくためにさまざまな技術を獲得していきました。これらの創造物（創造術）――道具はみんなに模倣され、いつのまにか、ホモ・エレクトス全体に広がり、それらは代々引き継がれていきました。ホモ属は生き残るために、その脳をいやおうなく、全力で使わなければならなかったのです。それが、この頃のホモ・エレクトスの脳容積を図三のように急増大させることになりました。

脳が増大したホモ・エレクトス

ヒトの脳容積変化を図三に示しますが、脳容積の増加は一定の速度だったわけではなく、ホモ・エレクトスの時代に急増していることがわかります。

脳容積はアファール猿人（四〇〇立方センチメートル）のときはチンパンジーとほとんど変わりませんでしたが、ホモ・ハビリスのときに六〇〇～七〇〇立方センチメートルになり（現代人類の五〇％）、ホモ・エレクトスのときに九五〇～一一〇〇立方センチメートルになり、アファール猿人のときから三倍近く、現代人類（一四五〇立方センチメートル）の七五％程度になっていました。

ホモ・エレクトスの雌雄の身長の差は、わずか二五%しかありませんでした。これは、アウストラロピテクスの身長はオスがメスの二倍もあったことを考えますと（現生のゴリラも二倍あります）、わずかな差になりました。ホモ・エレクトスは、性的平等へと大きく踏み出していて、今もオスとメスのヒエラルキーに分かれているチンパンジーの社会から、男女の絆が特徴のヒトらしい社会組織に移行したことを示しているかもしれません（後述する家族の成立を示唆します）。

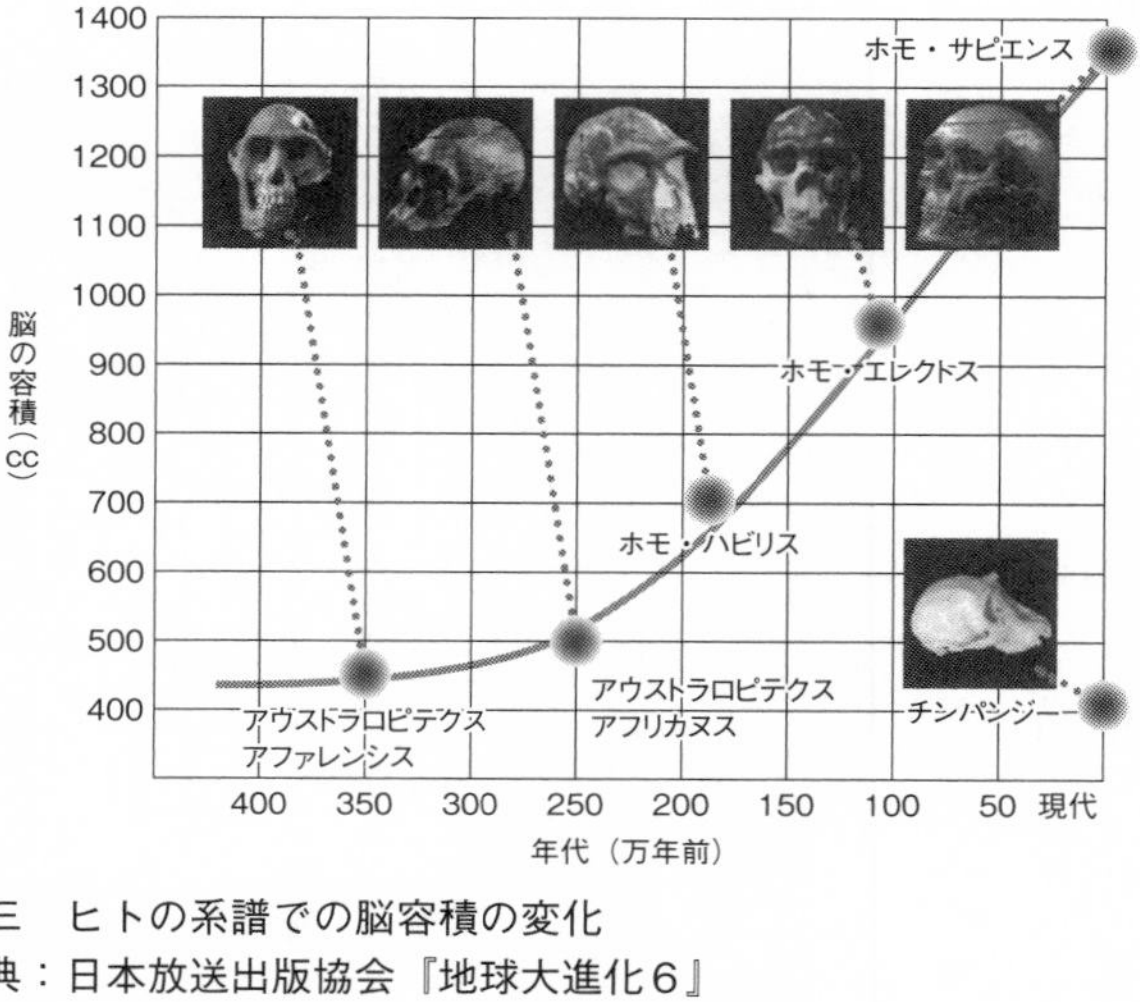

図三　ヒトの系譜での脳容積の変化
出典：日本放送出版協会『地球大進化６』

人類の第一次出アフリカ（ユーラシアへの拡散）

一九九一年から九九年にかけて、グルジア、ドイツ、フランス、アメリカの共同チームはグルジア（現在はジョージア。黒海東岸）南部のドマニシ遺跡で一八〇〜一七五万年前の二個の頭骨を含む古い人骨化石を発見しました。原始的なオルドヴァイ型の礫器《れっき》も埋まっていました。これによって、人類は、ホモ・エレクトスの最初期段階ではじめての出アフリカを果たしていたことがわかりました。

グルジア（ジョージア）はコーカサス地方に位置しますので、おそらく人類は、まず西アジアに進出し、さらに北進して黒海東岸に達したのでしょう。これが広大なユーラシアへの第一歩だったと考えられます。その後、そのホモ・エレクトスがどのようにユーラシアに分散していったかは、まだ、必ずしも明確ではありませんが、はっきりしているのは、インドネシアのジャワ島でジャワ原人、中国の北京近くの周口店《しゅうこうてん》で北京原人、ヨーロッパでもホモ・エレクトスが発見されているという事実があります。

ユーラシア大陸を西から東に進もうとしたとき、南アジアに差しかかった人類は、ヒマラヤ山脈とチベット高原という高山に阻まれ、それより北か南のルートを選ばなければならなくなったと思われますが、出アフリカのホモ・エレクトスは南のルートを通って、西アジア、南アジア経由で最初に定着したのは、彼らの原郷の地、アフリカと同じ熱帯、亜熱帯域であるインドネシアなどの東南アジアであったようです。このルートは、気候は割合に温暖で、食料資源を手に入れることもそれほど困難ではなかったはずです。途中に海がありますが、これは氷河時代の海面降下を考えれば陸化していた可能性があり、原人が舟を使う必要はなかったかもしれません。

その後、その中から次第に北上して温帯域への進出を果たしたのでしょう。それが北京原人など中国の原人で、ジャワ原人より、二〇～三〇万年あるいはそれ以上遅れて中国に入って洞穴の生活をはじめ、アジアの原人に特有の文化を創り出したのでしょう（その後の研究で、現在ではジャワ原人〈ホモ・エレクトス・エレクトス〉、北京原人〈ホモ・エレクトス・ペキネンシス〉ともホモ・エレクトスに含めて分類されています）。

その後の研究で北京原人は約七八万年前にまでさかのぼることになりました。さらに中国では、現在では、北京原人だけではなく、元謀《げんぼう》原人（雲南省）、藍田《らんでん》原人（陝西省）、南京原人（江蘇省湯山）などが発見されています。この他、二五万年前頃の化石もいくつか見つかっています。

その他にも人骨はありませんが石器などの文化遺物が発見されたホモ・エレクトス時代の遺跡は、中国の北部から南部にかけて相当な数にのぼっています（朝鮮半島からも発見されています）。このように北京原人のあとにも中国には一貫してホモ・エレクトス段階の人類が住んでいたことは確かです。

ここまでのことは、一八〇万年前のグルジア・ドマニシ遺跡で発見された最初期のホモ・エレクトスが原始的なオルドヴァイ型の礫器を伴って世界各地に分散したことを前提にしていましたが、近年、世界各地で一八〇万年前の遺跡やアシュール石器（ホモ・エレクトスが発明した石器。後述します）を伴った遺跡などが発見されるようになり、ホモ・エレクトスの出アフリカについて見直しが必要になっているようです。

ジャワ原人の化石は、一九三〇年代からジャワ島中部のサンギラン遺跡から一〇〇点以上出土し、世界文化遺産にもなっています。その化石の年代は一八〇〜一六〇万年前であるとされていましたが、あまりにも早いので調査のし直しが行われ、二〇二〇年一月、最も古い化石が出た地層は約一三〇万年前までという結果がアメリカの科学誌『サイエンス』に発表されました。

なお、近年、ジャワ原人から派生した可能性のあるフローレンス原人（ホモ・フロレシエンシス）が発見されていましたが（ホモ・エレクトスに分類されています）、二〇一九年四月にフィリピンのルソン島で少なくとも六万七〇〇〇年前から五万年前の未知の小型原人（身長一メートル）の化石が見つかり、ルソン原人（ホモ・ルゾネンシス）と名づけられました。台湾沖の海底で化石が見つかった「澎湖《ほうこ》人」も含めると、東南アジアの島々でホモ・エレクトスが多様で複雑な進化を遂げていたことを示しています。

その他の主なホモ・エレクトスの遺跡と年代としては、現在のイスラエルにあるウベイディア遺跡は一六〇〜一四〇万年前、スペインのアタプエルカ遺跡は一二〇万年前、中国の元謀遺跡は一七〇万年前のものが発見されています。

また、ホモ・エレクトスが製作し、使用していたと考えられる石器（ハンドアックスとクリーヴァー〈大包丁〉の組み合わせで特徴づけられるアシュール型石器群）は、インド、パキスタン、ネパールなどで見つかっています。つまり人骨化石はなくても、「出アフリカ」を果たしたホモ・エレクトスが早い段階で南アジアに到達していたことは間違いありません。アシュール型石器群が出土する遺跡は、インドおよびパキスタン各地で多数見つかっています。

このように、最近、多くのホモ・エレクトスの古い遺跡やアシュール型石器群が発見されていますので、オルドヴァイ型の礫器を伴ったグルジア（ジョージア）のドマニシ遺跡のホモ・エレクトスだけでなく、他のホモ・エレクトスの出アフリカもあったと思われます。

ところで、ホモ・エレクトスの化石や生活の痕跡は、これまでのところ中央アジアやシベリアからは見つかっていません。アフリカの外へと進出したものの、ホモ・エレクトスは寒冷地での生活に適応することはできなかったようです。

ヨーロッパにも、ホモ・エレクトスがさまざまな方角（南西、南、東）から入ってきたと見られています。八〇万年前にスペインに到達していたホモ・アンテセソールは、ブリテン島にも達していました。このホモ・アンテセソールは、ドマニシの子孫ではないと考えられ、出アフリカの第二段階目であったかもしれません（最初のホモ・エレクトスはオルドヴァイ型石器を持って出たようでしたが、後で発見されたものではアシュール型石器も発見されています）。

二〇〇八年のイギリスの科学誌『ネイチャー』によりますと、スペインのアタプエルカ山中の洞窟で見つかった一部歯のついた下顎骨破片は一二〇～一一〇万年前と推定されています。化石そのものは不完全ですが、人骨に石器三二点とカットマークのついたウシ科などの動物骨が伴っていました。いずれにしてもアジアより、ヨーロッパへの人類進出が遅れたようです。ヨーロッパへの移動が遅れた理由は、東南アジアの熱帯、亜熱帯とちがって、ヨーロッパは、冬の間の食料資源の確保が困難であったことでしょう。

アシュール型石器の発明とアシュール文化（一六〇～一五万年前）

アファール猿人（三九〇～三〇〇万年前）の時代から、アウストラロピテクス属は自然石を持ってサバンナを群れで歩いた骨食猿人でした。ホモ・ハビリスの時代には石を打ち割ったオルドヴァイ型石器を使うようになったので、より強力な武器を手にして常時サバンナで死肉探しや狩りを行っていたのでしょう。その狩猟のやり方はホモ・エレクトスにも引き継がれて行われていました。

オルドヴァイ型石器に進歩があったのは、ホモ・エレクトスが一六〇万年前にアシュール型石器を発明したときでした。この石器が最初に発見されたのは、フランスのサン・アシュールという遺跡でしたので、アシュール型石器と名づけられました。その後、同類の石器がアフリカやアジアの一部にも分布していることが分かり、アシュール文化と言うようになりました。年代は一六〇万年前から一五万年前で、最も古い遺跡はやはりアフリカで発見されているので、おそらくオルドヴァイ文化から発展したと考えられています。

当時のホモ・エレクトスの石器製作のレベルはホモ・ハビリスより格段に上がっていました。アシュール文化は、西洋梨の形をした握斧《あくふ》（手斧のこと。ハンドアックスとも言います）が特徴となっていて、手斧として使われたと思われます。アシュール文化の石器の特徴は対称形であることですが、このハンドアックスにもその特徴がみられます。石器の材料は、ヨーロッパでは石英の一種のフリントが使われています。

オルドヴァイ文化と類似の技法《ぎほう》も持っていますが、オルドヴァイ文化との違いは、多くの石器が表裏の両面から加工されていること（両面加工）、大型であること、「道具を作るための道具」として骨や角を使った加工技法が進歩していることなどです。それらの石器の多く（四〇％）は、縁の両面が加工され、鋭いカッターに仕上げられています。オルドヴァイ文化と同様に、その後、アシュール文化も百数十万年にわたって続くことになりました。

多くの人類学者は、強力なアシュール石器を手にしたホモ・エレクトスはライオンのように大型哺乳類を狩猟するようになったと想定しています。ケニアのイレレットで見つかった数百もの足跡（一五〇万年前）からは、成人したホモ・エレクトスが少人数の集団に分かれて肉食動物と同じように湖岸を歩き回っていたことがわかりました。少なくとも、共同で食料集めを行っていたことを示すものでした。

ホモ・エレクトス類の骨の厚さは現代人の比ではなく、強力だったと考えられています。ハンドアックスは三キログラムを超えるものもあります。アウストラロピテクス属の使った礫石器に比べると、大型化したことでもきわだっていて、礫石器（平均六・五センチメートル）が一〇センチメートルを超えるものがほとんどないのに対して、ハンドアックスでは一〇センチメートルはふつうで、長さ三九・五センチメートル、重さ三・四キログラムもあるフリント製のハンドアックスが発掘されています。このようなものを一撃されれば大型哺乳類も仕留められたでしょう。

このハンドアックスの文化圏はアフリカ、ヨーロッパからインドに広がっています。その遺跡からは、大型の草食獣の骨が発掘されています。東アフリカのケニアのオロゲサイリーでは大型のヒヒ、ウマ、イノシシが、南ヨーロッパ・スペインのトラルバとアンブロナではゾウ、ウマ、シカ、野牛が、同じ南ヨーロッパ・北フランスのテラ・アマータ遺跡ではシカ、ゾウ、イノシシなどが見つかっています。

身長一七五センチメートル、体重七六キログラムになったホモ・エレクトスが重さ三キログラムの巨大な石器の牙をふりかざして、群れとなって迫れば、ヒョウやチーターやハイエナならもちろん、ライオンでも尻込《しりご》みせざるをえなかったのではないかと考えられています。

ライオンたちが最初の食欲を満たしたと見切ったときに、ホモ・エレクトスたちが威嚇者《いかくしゃ》として出現すれば、新鮮な骨は十分に手に入れられたと考えられています。そこに残っていた肉が彼らの食域を広げたでしょう。

アジアの熱帯雨林にもホモ・エレクトスが生息していましたが、その石器にはハンドアックスそのものがありませんでした。西方ハンドアックス文化圏に対応して、アジアでは東方礫器文化圏として一括されていますが、そこでは石器はもっぱら、自前で捕った獲物の解体用にしか使い道がなかったのです。アジアの熱帯雨林では、ライオンの囲い込み猟はないし、サバンナのように上空から死体を探すワシ・タカ類がいないので、大型捕食獣が獲物を獲っても、アフリカと違って、ホモ・エレクトスは、その現場に駆けつけることはできなかったのです（日本の三万年前の旧石器には見事な形のハンドアックスが残されています。これはホモ・サピエンスがもたらしたものと思われます）。

デンマークの考古学者クリスチャン・トムセン（一七八八〜一八六五年）は人類が使った道具によって時代を区分する方法を考え出し、石器時代、青銅器時代、鉄器時代という三つの時代を経たことを示しました（彼は、コペンハーゲン博物館の展示品を三区分で展示しました）。

その後、イギリスの考古学者ジョン・ラボック（一八三四〜一九一三年）によって一八六五年に石器時代は二つに分けられ、打製石器を使っていた時代を旧石器時代、磨製《ませい》石器（打製石器と同じ方法で作ったものを、最後に磨《みが》いてなめらかに仕上げた道具）を使うようになった時代を新石器時代（一番早いところで一万年前）とされました。

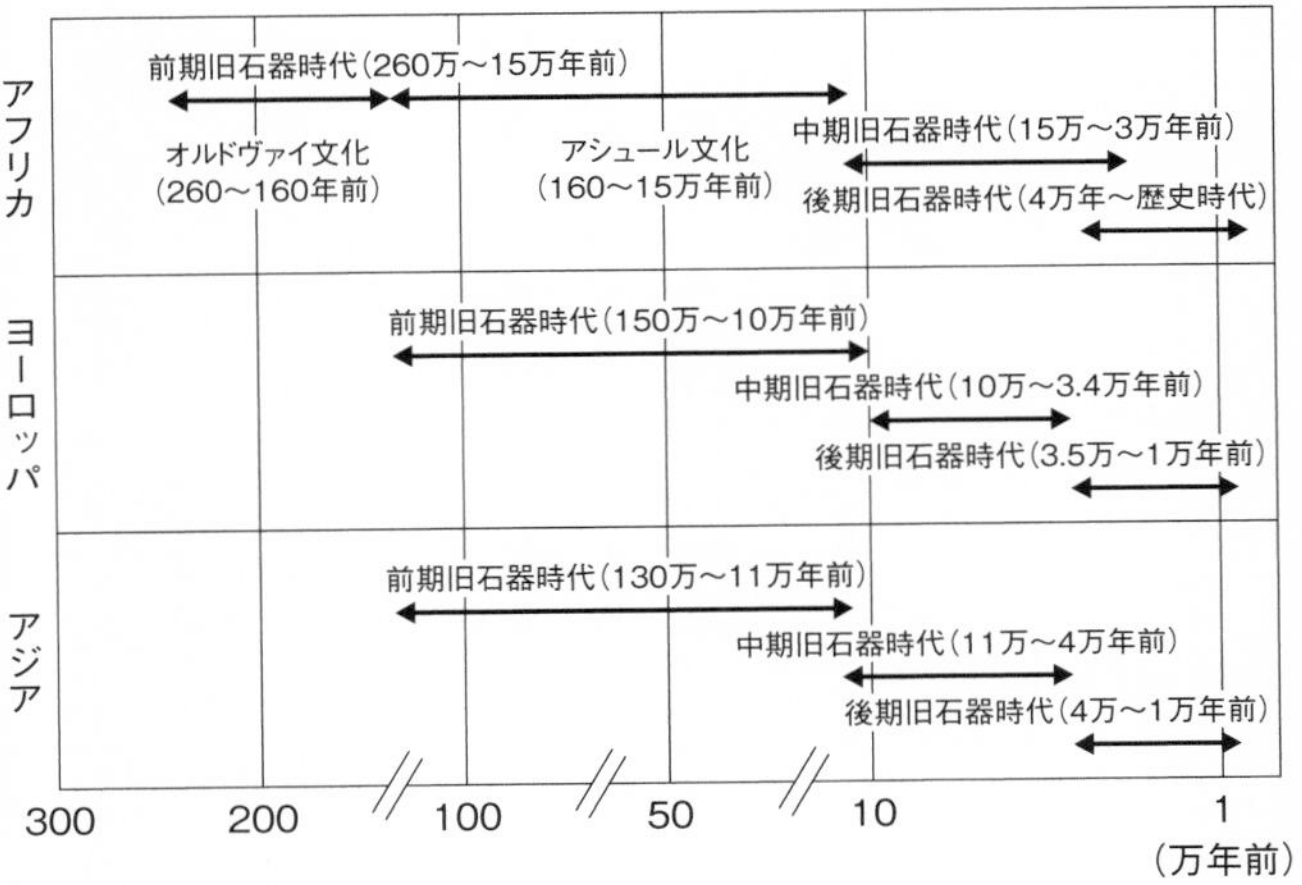

図四　三大陸における旧石器文化の消長
出典：日本放送出版協会『地球大進化６』

さらに旧石器時代は図四のように、その時期に活躍した人類の種の区分により、前期旧石器時代・中期旧石器時代・後期旧石器時代の三期に分けられました。

アフリカでは、図四のように、旧石器時代には、オルドヴァイ型石器が二六〇万年前から一〇〇万年以上にもわたって変更なしに使われたと述べました。そのあとのアシュール型石器が発明されてアシュール文化に代表される石核石器主体の時代をあわせて、図四のように、前期旧石器時代とよんでいます。

アフリカ以外の地域では、前述しましたようにアフリカのホモ・エレクトスがアフリカを出て、オルドヴァイ型石器をもって（後にはアシュール型石器をもって）世界に分散していったので、石器時代の年代は地域によって異なります。

《三》ホモ属が生みだした社会システム

原始的な社会システムを持っていた類人猿

ホモ・エレクトスの時代は長く、いろいろな新しい社会システムが発明され、普及していきましたが、そのなかで家族の発明がもっとも大きな社会変革であったと言えるでしょう。

もう、真猿類、類人猿の時代から群は単なる群ではなく、個を認識した群でしたが、彼らは群社会をうまく治めるためにプリミティブ（原始的）な社会システムをそれこそ「創造と模倣・伝播の法則」で生み出していました。

ニホンザルなどの社会（動物園ではなく野生の社会）では一般的に、①血縁制（母系制。ニホンザル社会は乱交であり、近親相姦《きんしんそうかん》を防ぐためオスが年頃になると群れを離脱）、②オスの順位制（食物・メスをめぐって争わないようにあらかじめ順序を決めておく。基本的にオスの世界は腕力が支配）、③リーダー制（リーダーは劣位者・弱者の味方）、④縄張り制（エサ場を体をはってでも守る）が社会システムとして織り込まれています（試行錯誤のうちにこのようなルールを決めて、それを守ってきたのでしょう。守らなかった群れもいたでしょうが、それらは絶滅して残っていないのでしょう）。

類人猿のゴリラの社会は、単雄複雌のゴリラ型社会（一夫多妻・ハーレム制）です。

したがって、メスにありつけぬ一匹オスやオス・グループがあって、コンテスト（オス同士のメス集団の奪い合い）によって、勝負を決めるきわめて不安定な社会であります。のっとったオスは前夫の子供を殺す子殺しもシステムに組み込まれていると言えます。確かに父子の関係ははっきりしていて、仲むつまじいのですが、権力の移行のたびに嵐が訪れるのです。

類人猿のチンパンジーの社会は、①父系制（乱交の近親相姦を防ぐためメスが年頃になると離脱。ニホンザルとは逆）、②オスの順位制、③縄張り制、④殺し・食肉（他のサル類と異なって狩猟をする）です。その他の類人猿のテナガザル、オランウータン、性を中心にしたピグミーチンパンジー（ボノボ）についてもそれぞれの社会システムがありますが省略します。

このような中で人類の祖先はどのような社会システムを持ったのでしょうか。

人類は七〇〇～五〇〇万年前のどこかでチンパンジーとの共通の祖先と分かれたのち、四〇〇万年前より以前のどこかで二足歩行をはじめて猿人となり、二五〇万年前のホモ・ハビリスの時からホモ属となりオルドヴァイ型石器を発明し狩りをはじめ、一八〇万年前からホモ・エレクトスとなりました。一七〇万年前には無毛となり、一六〇万年前には火を使用しはじめ、アシュール石器を発明しました。

肉食をはじめて一〇〇万年も経つと、体も大きくなりましたが、象徴的なことは、脳の大型化でした。図三のように、チンパンジーと比べれば、ホモ・エレクトスの脳の大きさは三倍になりました。脳が大きくなったということは、生まれてくる赤ん坊の頭も大きくなったということです。

チンパンジーの社会は乱婚で生まれた子供は基本的にはメス（母親）だけで育てました（父親がいない）。たぶん、それから分かれた人類の祖先も最初のうちはチンパンジーと同じ社会システムを持っていたのでしょう。やがて赤ん坊の頭が大きくなるとどうなったのでしょうか。

ホモ・エレクトスの性行動と家族の形成

　ヒトが属する霊長類のお産を見ますと（もちろん、現生の霊長類ですが）、原猿類のロリスの出産は三〇秒以内、広鼻猿の平均出産時間は一時間四七分で新生児がそのまま出てきます。狭鼻猿のニホンザルは二時間程度で母親は背中を丸め前かがみになり、母親は頭部を持ち自ら引き出し、そのまま胸に抱きあげます。野生のゴリラも陣痛がはじまると群から離れ、三〇分もすると産み落としたばかりの子を抱いて戻ってきますが、痛がる様子はほとんどありません。京都大学霊長類研究所で出産したチンパンジーのアイは、六時間かかりましたが、取り乱すこともなく一人で出産したとのことです。

　現生哺乳類で二足歩行のヒトだけが、大変痛くて長い時間の出産をするようになりました。人類の女性はできるだけ骨盤を横に広げるような進化もありましたが、それにも限界がありました。また、出産時には、母親の骨盤の関節が緩《ゆる》んで幅を稼ぐようにも進化しました。これはリラキシンというホルモンによって起こり、骨盤に限らず女性の身体中の関節が緩みますが、関節が緩んでも産道は赤ちゃんの頭よりもまだ小さかったのです。産道を出る赤ん坊にもいろいろ工夫がこらされましたが（進化して体をよじるようにして生まれるなど）、それでもホモ・エレクトスの段階での脳の大型化は著しかったのです。

　人類の女性は陣痛がはじまってから子が生まれるまでの時間を分娩時間と言いますが、初産で平均一五時間かかります。ヒトでは痛く長いだけでなく、かつてはかなり危険性の高いものでした（現在では医学が進歩し危険性は減りましたが）。一九〇〇年には、母体死亡は日本で出生一〇〇万人に対して四三六・五人で、年間六二〇〇人が亡くなっており、一九四〇年でも全国で五〇〇〇人以上が亡くなっていました。医学の恩恵に浴した近代でも、出産時の死亡が出産年齢女性の死亡原因の第一位だったのです（平安時代の記録もありますが、二三・四％がお産で亡くなっています）。

ヒトが難産になったのは、直立二足歩行に適応した身体構造と脳の大きさが主な原因でした。ヒト以外の哺乳類の産道は、ひとことで言えば、一直線の円筒形のトンネルです。それに対してヒトのそれは、Ｓ字状の急カーブを伴った、入口部が直方体で出口が円筒形という複雑な構造をしています。これは直立二足歩行になったことから内臓を骨盤で支えると同時にお尻の筋肉である殿筋群が非常に（二足歩行のため）発達し、その付着部として幅広の腸骨が必要となったためです。つまり、これらの骨や筋肉をぬうような形で産道ができているのです。

また、霊長類の多くは産道の直径よりも胎児の頭の大きさが小さいのに対して、ヒトではほぼ同じです。ヒトは通り抜ける余裕がない上に、さらに途中で形の変化する曲線の筒を通らなければなりません。そのために、胎児は姿勢を変えながら、頭を変形させながら（胎児の頭はまだ骨と骨がかみ合わず四センチメートルも幅が狭くなるようになっています）、やっとの思いで出口に到達するのです。途中で骨や筋肉や胎盤などにひっかかったり、逆子だったりしますと難産になり、母子ともに危険となります。

ヒトが二足歩行を開始しても、猿人の段階（ラミダス猿人、アファール猿人）では、脳の大きさは現生人類の三分の一程度でしたから、まだ、よかったのですが、ホモ・エレクトスの段階では脳の大きさが急増し現生人類の四分の三程度になり、いよいよ出産が難産になってきたと推測されます。

さらに産んだあとの子育ての段階でも問題がありました。母体に負担をかけず、また新生児に脳性マヒを起こさせないようにするため、少なくとも脳に関しては「小さく産んで大きく育てる」ように進化してきました。未熟児で生んだための成長遅滞です。ヒトの出産後の急激な脳成長を考えますと、一二ヵ月は早く生まれていることになります。つまり、本来子宮内での九ヵ月プラス一二ヵ月が、ヒトの妊娠期間であるはずです（他の哺乳類は出産日に立ち上がり捕食獣から走って逃げることができます。ヒトは出産後一年でようやく立ち上がれます）。

しかし、それほど長く母体内に居据わられたら妊婦がもちません。だから人類は脳の小さい未熟のうちに「早産」し、その後は直立二足歩行のおかげで自由になった手で乳児を抱きかかえて育てるようになったのです。なおチンパンジーは、生まれた直後の乳児も自分で母親の体毛をつかめるから（手と足の指で）、母親は人間のような抱っこをしないで済みます。

ヒトの新生児は、すぐには起き上がれないばかりか、二四時間の介助が必要な状態が何ヵ月も続きます。当時の生業形態は狩猟採集であり、野山で食料を探していた時代で、常に移動しながら生活していました。木にも登らねばなりませんでした。出産はもはや女性一人で対応することは困難であることは明らかでした。

猿人やチンパンジーの第一大臼歯が生えるのは三歳です。ところが、ヒトでは、第一大臼歯が生えるのがチンパンジーや猿人の倍の六歳になりました。これは一つの象徴的な証拠であって（物的な証拠としては歯とか骨しか残っていませんから）、育児期間が伸びたということは、メス（女）に多大の負担をかけることになったでしょう。

頼りない赤ん坊を抱えて、ホモ・エレクトスの母親はどうしたのでしょう。食物をもとめて群れは集団を成して絶えず移動していたはずです。アフリカのサバンナを炎天下で歩き回ることはたいへん厳しかったはずです。とてもヒトの赤ん坊は母親にしがみつくことなどできそうにもありません。

未熟児を連れて（だっこして）、移動し木に登れるでしょうか。それに第一、母親にまだ毛があったかどうかも疑問です。前述しましたようにヒトの無毛化は一七〇万年前頃からはじまっていました。いずれにしても、頼りない赤ん坊を抱えて、ヒトの母親は困ったことになったでしょう。母親は自分で食べなければ乳が出なくなってしまいます。乳が出なければ、乳児は死亡してしまいます。集団にとって人口が減ることは困ったことです。

チンパンジーの子供は、二歳になれば自分で採食することができますが、それでも母親が死ぬと、五歳までの子供はほとんど死んでしまうと言われています（もちろん、現代の動物園ではなく、野生のチンパンジー社会のことを言っています）。ましてや、未熟児で生まれ、首もすわらないような子供を抱えて、長くなった養育期間を、どうやってヒトの母親は生きたのでしょうか。幼児死亡率と母親の死亡率は高まるばかりだったでしょう。たぶん、彼らは種の滅亡という瀬戸際まで追い込まれたかもしれません（現実そのようなグループ、人類社会もあり、絶滅したでしょう）。

憐憫《れんびん》の情と異性愛の誕生（仮説）

そのようなとき、偶然、見るに見かねたオス（男）が、日頃、好意をもっていたメスの親子（母子）に、狩りで獲ってきた獲物の分け前を与えることをしたのではないでしょうか（チンパンジーでも異性同士で群れを離れ短い旅行〈サファリと言います〉に出かけることがあります。それを考えますとヒトが異性に好意を持つという感情がめばえても不思議ではないでしょう。また、この頃のヒトには見るに見かねるという感情〈憐憫の情〉をいだく段階にまで、脳は進化していたのではないでしょうか）。

子供を抱いていては思うように食べることができなかったメスにとって栄養価の高い肉はありがたいことでした。母子は死の危機から脱することが出来ました。そのオスはその後も肉をくれるだけではなく、なにくれとなく、母子に目をかけてくれるようになりました（チンパンジーはほとんど食物分配はしません）。母子のよろこぶ姿を見て、オスは次の狩りで母子のためにも大いに頑張ったでしょう。

いずれにしても、あるオスがメスの母子の面倒をみるようになって、母子が立ち直ったことは、ヒトの集団（社会）に大きな影響を与えることになったでしょう。見習うもの、真似をするものが現れたでしょう。母親がひとりで子育てするのが難しくなったとき、母子の世話をする特定のオスがいる方が、そうでない、つまり、メスだけで（乱婚の結果の）子育てをするより、より多くの子を残せるようになったでしょう。そのようにして生まれた子は母親だけでなく、オス（父親）にも好意を持つでしょう。そして親のやり方を子は学ぶでしょう。そうするとその子も、また学ぶでしょう。この段階の人類（ホモ・エレクトス）には、「創造と模倣・伝播の法則」が、このような社会の仕組み、社会システムにもありえたのでしょう。

ペア型システムの方が子供の生き残る率が少しでも高いと数代、数十代重ねるうちに社会はペア型社会、つまり、家族、一夫一婦制の社会に変わっていったのでしょう。

ダーウィンの進化論は、そのときの自然環境にもっとも適したものが生き残る率が高いという自然選択説（自然淘汰説）ですが、社会も同じで社会の中で家族システムが残ったということはそれがもっとも適していたことを証明しています。相も変わらず、乱婚を続けたグループもいたでしょうが、それらは絶滅して残ってはいないのでしょう（ここでダーウィンの進化論を引き合いに出していますが、これは一九世紀の社会ダーウィニズムとはまったく意味が違うものであることに注意してください。弱肉強食という意味で使われた社会ダーウィニズムは、ダーウィンの進化論を誤って社会に適用しています）。

　ホモ属（人類）が選んだやり方は、群れの中に家族という新しい社会単位を形成することでした。この最初にできた家族がペア型（一夫一婦型）であったか、一夫多妻型であったかですが、原則はペア型であったでしょう。多分、集団で狩りをする社会において、分配に大きな差をつければ、狩りがうまくいかなくなったでしょう。あまり分配に差がなければ、基本的には一家を養うのが精一杯であったでしょう。そうなると一夫一婦制となります。

　しかし、狩りは非常に危険であったでしょうから、また、集団間の争いもあったでしょうから、父親が死ぬということは現代とは比較のしようもないほど高い比率で起きたでしょう（狩猟採集の社会では、男性が生涯のうち、争いで死ぬ率は三〇％という数字があります）。父親が亡くなれば、妻子がたちゆかなくなることは前述したことから明らかで、そのような場合、親類縁者や有力なもの、リーダーなどが妻子とも引き取ったことでしょう。そのようにしてできた一夫多妻型はあったかもしれません。

現実にある動物社会でも、一夫多妻制、複雄複雌制では、必ずメスにありつけぬオス・グループが存在し、きわめて不安定な社会になっています。ゴリラの社会など必ず腕力（暴力）が伴っています。これでは集団（社会）の安定ということの解決にはなってはいません。したがって、一夫多妻制、複雄複雌制として出発しても、そのような社会は滅びて、結局、狩猟採集のヒト社会は一夫一婦制に落ち着いたのでしょう。

現代の社会について調査したところ、八四九社会のうち、一夫多妻が認められている社会は八三％、一夫一婦は一六％、一妻多夫は〇・五％であったという結果が出ていますが、これは一夫多妻が法的（あるいは宗教的に）に認められている社会というだけであって実際に一夫多妻の家庭がどれだけあるかということになると、多分、ずっと少なくなるのではないでしょうか（一夫多妻制は基本的に階級差の大きい社会でなければ成り立ちません。狩猟採集の〈蓄積技術のない〉社会は基本的に貧しいが平等の社会でした。一夫多妻制は実際には後述しますように農業の開始とともにできた貧富の差が大きくなった、支配階級と被支配階級が生じた社会で生まれました。つまり、農業開始後の社会でした）。

このように一夫一婦制か一夫多妻制かは別として、大切なことは、父親に母子を責任を持って育てる役割を与えたことにありました。つまり、家族の誕生でした。風来坊のオスではなく、母子を責任を持って育てる父親がいるところでは母子ともに健康で、子供はすこやかに育ったのではないでしょうか。

　このような体制に変えた集団では母子死亡率も減ったので、長い年月の間に、そのような集団だけが生き残ったのでしょう。つまり、家族を形成した集団がヒト社会になったのでした。もちろん、そうしなかった集団もたくさんあったでしょうが、それは長い間に滅びてしまったのでしょう。ホモ・エレクトスの時代にも多くの系列がありましたが、それが集約されていったのにはこの家族体制の問題もからんでいたかもしれません。

　いずれにしてもホモ・エレクトス時代に家族が誕生し、これによってヒト社会は安定的に子供、子孫を育て残していける社会の仕組みができたのでしょう。

食物の分配・交換

　家族とは、共通の子供を育てるために雌雄が連合することでした。そのためには、雌雄が排他的な性関係を持たなければ、子供は共通の子供とは言えません。オスは子供の父親であるという保証がない限り、子供の世話をしない強い傾向があることは、ゴリラの社会を見てもわかります。

　このように、家族とは、食物の分配・交換と雌雄の排他的な性関係を二本柱として形成されました。そのためには犠牲を払う代わりに見返りをもらうという互酬性の観念が発達していなければなりません。チンパンジーやゴリラのように手から口への生活ではなく、持ち帰った食物の分配の場が存在しなければなりません（ゴリラの父親は子供に食物を分配する分配行動はまったくしません。チンパンジーも分配行動はまったく取りません）。

食物分配こそヒトの家族形成に関わった重要な行動で、それは父性の誕生にも大きく関わっていました。狩猟によって得た獲物あるいは採集した物を、オスは家族に持ち帰り、メスや子供に分配しました。そして家族を守って戦う、その行為こそが、父性の表れでした。

父親としてのオスが自分の子供に食物を与えるとき、オスは何らの物的報酬を受け取っていないけれども、子供に喜んでもらったその行為から、自分の心も喜びに満たされたのでしょう。つまり、物を与えた代わりに、心の喜びをお返しとして与えられたのです。そのような交換が、父と子の間に成立しているとみることができます。父親は翌朝、男たちと連れ立って、危険な狩りに勇んで出かけるようになりました。ヒト（ホモ）にはじめて父性が誕生しました。

雌雄の排他的性関係

家族のもう一つの柱である雌雄の排他的性関係はヒト社会の大きな特徴です。それは霊長類（もちろん、広く哺乳類からみても）の中でヒトのメス（女）が排卵を隠すという独特の進化を果たしたことからもわかります。ちょうどヒトのメスがそのような進化をしている頃（これは長期間かかったと思われます）、同じアフリカの地でチンパンジーから三〇〇万〜二〇〇万年前に分かれたボノボが、生殖から切り離された性の進化をしていたことになりますが、このこととヒトのメスの進化と関係があるのかないのか（時期的には同じ頃になるようです）、現在のところわかりません（逆に言うと、アフリカの地で、まだ、いろいろな性関係を持ったグループがあって、その中でボノボ方式、チンパンジー方式、ヒト方式が残ったと言えるかもしれません）。

ヒト以外の霊長類は、排卵時に形態的・生理的な兆候を示します（これは貴重な卵子を無駄にしない行為で、ある意味では動物として合理的な行為であると言えます）。とくに、チンパンジー属やヒヒのメスは、性皮を腫脹《しゅちょう》させ、排卵を宣伝します。ゴリラとオランウータンは性皮の腫脹は示しませんが、メスがオスを誘う行動を頻繁に示すようになります。ヒトの場合は、（まったく逆で）排卵を隠すようになりました。どうしてでしょうか。

まず、性皮腫脹を示さないのは、類人猿の共通祖先の形式だったと考えられます。テナガザルやオランウータンにも性皮の腫脹が見られないので、大型類人猿とヒトの共通祖先は、性皮の腫脹を持たなかったという可能性が高いのです。したがって、ヒトの祖先と分岐した後、チンパンジーとボノボだけが腫脹が進化したと考えられます。

チンパンジー属のおおげさな性行動は別としても、ヒト属の排卵の隠微が家族の成立に役立ったことは間違いありません。オス同士が社会的紐帯《ちゅうたい》を維持しながら、自分の繁殖を確保するには、オス同士の摩擦を最低限にする必要があったからです。家族の成立のさい、オス同士は協力を維持するために、また夫婦は嫉妬を避けるために、性的競合があからさまになるのを避けなければならなかったのでしょう。

オス同士は家族から離れ、何日も集団で危険な狩りをしました。信頼関係が最も大切で、メスをめぐるトラブルは禁物でした。群れに帰ってからも露骨な性行動は群れ（社会）を混乱させ、社会そのものを根底から崩壊させかねないことであったでしょう。それはゴリラなど他の霊長類、類人猿の社会をみればわかります。彼らは腕力でメスの奪い合いをしています。その社会がいかに不安定であるかはわかります。

メスはオスをあからさまに刺激しないように、メスはよい遺伝子を持ったオスとの間に子供をつくり、世話を受け続けるためには、排卵を宣伝しない、しかし、いつでも性行動がとれることが（オスとの関係で）有利だったのではないかと考えられています。そのためには自分の性的魅力を増やさなければなりませんでした。魅力を増すには、メスが性交できる日数を増加させることでした。そのために排卵が隠されるようになったと考えられています。こうしてペアが形成されました。同時に、オス同士の競合が減少しました。

これによって、チンパンジー社会のオスの順位制〈食物・メスをめぐって争わないようにあらかじめ順序を決めておく〉がなくなり、ヒト社会は平等になったでしょう。

よい遺伝子を持ったオスとの間に密かに子供をつくり、育てさせるのはメスにとって有利でした。セックスを皆の見ている前ではしない、というのもヒトの性行動の特徴であります。毛皮などで陰部を隠すようになったのもそのためでした。この習性も、社会を構成するメンバー間で、とくに男の間での嫉妬や競争を避けるためだったのでしょう。

性的二形が縮小したホモ・エレクトス

ホモ・エレクトスが家族制度を生み出した状況証拠としては、性的二形の縮小です。性の違いによってオス・メス間の姿が異なることを性的二形と言います。

性的二形が生ずる原因の一つは、ゴリラの社会のように複数のメスを束ねる〈性を独占する〉リーダーの座をめぐる力による闘争が、オスをますます強く大きくしていった結果でした（これもダーウィンの進化論で説明され、ダーウィンはこれを性選択あるいは性淘汰と言いました）。ゴリラの体重の性差は一・六三〜二・三七倍で、オランウータンでは一・九〇倍です。

チンパンジーなどもかつては（ゴリラと分かれた八〇〇万年前頃）もっと大きな性的二形があったでしょうが、順序制などができてからは、メスをめぐるオス間の争いが減り、性的二形もオスがメスの一・二七～一・三六倍ぐらいに縮小しています。チンパンジーから三〇〇万～二〇〇万年前に分かれたボノボは生殖から切り離された性によって、性的二形がさらに縮小してほとんど雌雄同形になってきています。

ルーシーの時代（三一八万年前）のアファール猿人も性的二形が大きいと言われていました。このように初期人類のオスはメスの二倍ほどもありましたが、ホモ・エレクトス段階ではオスはメスの一・二倍程度になっています（これは現在とほぼ同じです）。

このように、ホモ・エレクトスの時代に急速に性的二形が縮小しました。この時の性的二形の縮小は集団内でのメスをめぐるオス間の調整の仕組みができ、争いが減ったことにあると考えられています。ということは、この頃前述した家族の仕組みが出来たということになるでしょう。

その後も一・二倍の差は残っていますが、これは狩猟採集の長い時代の仕事の分担からきています（一万年前の農業開始まで。農業開始後も男女で肉体労働の差はありました）。だから、一六〇万年以上、現在のレベルの性的二形が維持されているのでしょう。今日では、道具（機械）の進歩が性による労働の分業をほとんど無意味にしつつありますが、これはほんの最近のことです（将来、人類の性的二形はさらに縮小するかもしれません）。

教育の始まり

さて、ホモ・エレクトス時代の家族の形成は、いろいろな波及効果を及ぼしたと考えられています。ヒトの手は右利きが九〇%、左利きが一〇%です。しかし、野生チンパンジーの道具使用には、集団レベルでの右利きは認められません。ということは、ヒトになってから右利きは形成されたものと思われます。一九〇万年前、ツルカナ湖畔のコービ・フォラでヒトによって作られた石器のフレーク片は、左手で石核を持ち、右手でハンマー石を持って叩いたことを示しています（他のものも真似をしたでしょう）。

母親は、家庭にあり、左手で赤ん坊を抱き、右手では石器を使って堅果や地下茎を叩き割ったのです。このため女性は道具を扱う能力にも優れていると言われています。そして、女性は男性より高い言語能力を示します（これは現在でもいろいろな研究で示されています）。いつも子供に話しかけていたのでしょう（二〇〇万年前からホモ族は簡単な言葉を話していたことは述べました）。まず間違いなく、言語を話し始めたのは女性であり、母親であったと思われます（男性の仕事は狩りであり、目配せをすることはあっても、しゃべってはなりませんでした）。それも左手に抱いた赤ん坊に（意味があってもなくても）語りかけていたのでしょう。

現代の脳電気生理学で明らかにされたことですが、大脳の連合野の感覚野・運動野の双方で、運動器官がどのように反応しているかを調べると、手、とくに親指の運動に対応する部分と、唇と舌が対応する部分が異常に大きい部分を占めていることがわかりました（しかも双方が関連しています）。一方、サルでは、親指や唇、舌に対応する部分は相対的に小さいのです。これは、ヒトでは手の動き、つまり手による道具の使用や製作と言語が大脳の発達と関連していたことを示唆しています。道具製作と右利きは、言語中枢が左脳にあることと関係があるだろうと考えられています。

ヒトはみな、子供の時（男の子であろうと、女の子であろうと）、母親に話しかけられて育ちました（教育のはじまりでした。一六〇万年の間、延々と）。それがヒト（男女とも）の知能を他の動物とは異なって格段と発達させ、また、知能面での男女の差をなくさせていったのでしょう（最近、脳の発達にとって幼児期の脳神経ニューロンの発達・分裂がきわめて重要であることもわかっています。胎内の胎児の様子も超音波機器で観察されるようになりましたが、もう胎児もいろいろなことを学んでいるようです。誕生と同時に乳児は五感を使って、この世のことを学び始めるし、母親もこの世の仕組みを幼児に話しかけ、幼児が早くこの世になじむようにするようです。一六〇万年間、延々とそれをやられれば、学ぶこともヒトの本能になったかもしれません）。

このことは何を意味するのでしょうか。母親は子供（男女とも）を抱きながら教育をしました。その子が女（母親）になって子供（男女とも）を抱きながら教育をしました。……狩猟採集生活の一六〇万年間、これが繰り返されました。男女の脳にはハードウェア的にはまったく能力に差がないことが現在の科学で証明されています（女性は本質的に劣るなどと言われてきましたが、それは農業がはじまったせいぜいここ一万年間のことで、一万年程度で人間の本質は変わるものではないようです）。

子供たちは、母親から言葉を習うとともに、集団内での生活の仕方を学びました。そして、少し年長になると、父親や集団内の経験豊かな大人から食物を見つけたり道具を作ったりすることを学んで、次の世代に生きるための技術を引き継いでいったのでしょう。

家族は自然界から食料を獲得・採集するとか、子供を育てるとか、やがて、老人や病人の面倒をみるとか、そういう目的のための最小単位であり、実際には親、兄弟、姉妹、親戚などが集まって協力して生活をしていく群生業集団を形成したのでしょう。一万年前頃に農業が開始されるまでは、人類は基本的に群生業集団による狩猟採集の生活を繰り返していました。

ヒト重層社会の形成

このようにホモ・エレクトス時代にヒト社会は、食と生殖の社会システムである家族システムを形成しましたが、生業集団のなかで配偶者を見つけることはできないという宿命を持っていました。インセスト（近親相姦）回避のための仕組みはヒトとチンパンジーの共通祖先（父系社会）の時代から娘が年頃になると出て行くことでした。それで、このホモ・エレクトスの時代にも娘は年頃になると、生まれた家族と集団から自然に別れて他の集団に移っていったのでしょうが、それがだんだん制度化されて、やがて部族間の婚姻制度（社会システム）となっていったのでしょう。家族の性生活は隠微にします。しかし、みなに家族を認知してもらっておく必要があります。そのためにも婚姻という儀式は必要であったのでしょう。歴史がさかのぼれる限り、原始社会からこれは行われていました。

最初生殖という目的でできた生殖グループは、そのうちに、たんに繁殖という生物学的機能にとどまらず、分散、点在する資源の情報の伝達、交換、あるいは生業集団の間で食行動に際して起こるさまざまな緊張関係の軽減など、社会的機能も果たすようになったと考えられています。

このことは、現存する狩猟採集民の社会がそうであることと共通しています。多分、狩猟採集という性格が、つまり、危険を伴う中でみんなを信頼し、心を一つにして目的を達成し、その成果（獲物）を平等に分けあい、各家族で消費する（蓄積はされません。蓄積技術がありませんでした）という性格が一六〇万年前のホモ・エレクトスの原初家族の時代からずっと変わらないで、現代の狩猟採集民の平等・対等である社会の根幹になっているのでしょう（これが農業の開始によって、蓄積が可能となり、貧富の差が生ずるようになったことは後述します）。

いずれにしても、家族を単位とした親、兄弟、姉妹、親戚などが集まって協力して生活をしていく群生業集団の外に生殖（婚姻）・情報交換などを目的としたヒト重層社会が形成されていきました。

ホモ・ハイデルベルゲンシスの時代（六〇万年前〜二〇万年前）

ホモ・エレクトスは六〇万年前から後の化石では、頭骨や四肢骨の形が古いタイプの原人とは異なっていました。たとえば、ホモ・エレクトスに比べ脳容積がさらに増し（一一〇〇〜一四〇〇立方センチメートル）、頭骨を後ろから見たときの形が丸みを帯び、骨壁が薄くなってきていました。また四肢骨は長くなり、身長が高くなっていました（大人の男性では身長およそ一・八メートル、体重一〇〇キログラム）。

このような理由で、これらのグループをホモ・エレクトスとは区別して、ホモ・ハイデルベルゲンシスと呼ぶことがあります（種レベルの違いはなかったと考える場合はエレクトスに含めます。エレクトスの種内亜種として区別する場合は、ホモ・エレクトス・ハイデルベルゲンシスと呼びます）。

この名称のもとになったのは、一九〇七年にドイツのハイデルベルク近郊のマウエル村から発見された下顎骨で、翌一九〇八年にドイツの人類学者シェッテンザックにより、ホモ・ハイデルベルゲンシスと命名されたことからです（ハイデルベルク人と通称されました）。

このホモ・ハイデルベルゲンシスは、少なくとも六〇万年前に、東アフリカの古いタイプのホモ・エレクトス原人から進化し、それが北アフリカと南アフリカに拡散したと考えられています。したがって、ホモ・ハイデルベルゲンシスの最も早い化石は、六〇万年前のエチオピアのボド・ダール人（通称ボド人。脳容積一二五〇立方センチメートル）、ザンビアのカブウェにあった石灰岩洞穴で発見されたカブウェ人（一三〇〇立方センチメートル）など、アフリカで発見されています。

そして、北アフリカから一部の集団がヨーロッパに進出しましたが、それは、おそらく五〇万年以上前のことでした。これはいわば新たな出アフリカであったと考えられています（もちろん、その前にも出アフリカはたびたび〈証拠となる遺物・遺跡が発見されていませんが〉あったかもしれません）。ヨーロッパにおけるホモ・ハイデルベルゲンシスの化石としては、最初に発見された五〇万年前のハイデルベルク人の他にも、いろいろ発見されています。

ネアンデルタール人の誕生

そして、ヨーロッパのホモ・ハイデルベルゲンシスが進化して、ネアンデルタール人になったと考えられています。ヨーロッパで原ネアンデルタール人とも言うべき人々が出現したのは三〇万～二五万年前のことでした。

その後、彼らは徐々に寒冷気候に対する適応を強め、とくに一一万年前にはじまった最終氷期のウルム期に入ってからは、独特の適応形態を獲得して典型的なネアンデルタール人が生まれました。したがって、八万～四万年前のヨーロッパでは、ネアンデルタール人が全盛期を迎えました。さらにネアンデルタール人はヨーロッパばかりでなく、西アジアやロシアにまで広がりました。

四万年前頃から後述するようにホモ・サピエンスが西アジアに侵入していきましたので、西アジアでは早くからネアンデルタール人の遺跡とホモ・サピエンスの遺跡が混在するようになりました。二〇〇五年にイベリア半島南端のジブラルタルの沿岸の二万八〇〇〇～二万四〇〇〇年前の洞窟から、ネアンデルタール人が使っていた特徴のある石器類や、洞窟内で火を利用していた痕跡が見つかりました。これが今のところ、最後のネアンデルタール人の遺跡です。

ネアンデルタール人が絶滅したその原因はよくわかっていません。ホモ・サピエンス（クロマニョン人）との暴力的衝突により絶滅したとする説、獲物が競合したことにより段階的に絶滅へ追いやられたとする説、ホモ・サピエンスと混血し急速にホモ・サピエンスに吸収されてしまったとする説など諸説があります。

二〇一〇年の『サイエンス』誌に、アフリカネグロイド以外のホモ・サピエンスには、絶滅したネアンデルタール人の遺伝子が一～四％混入しているとの研究結果が発表されました。このホモ・サピエンスとネアンデルタール人の遺伝子比較分析の結果から、両種間で混血が行われた可能性があることがわかりました。たぶん、現生人類の直系祖先であるホモ・サピエンスが出アフリカした（後述します）直後の八・五～五万年前の中東地域で、そこに既に居住していたネアンデルタール人と接触した際に混血したのでしょう。ホモ・サピエンスは、一部を除いて（当時、アフリカにいた人々）、ネアンデルタール人の血を受け継いでいますので、ネアンデルタール人は現在でも私たちの中に生きているとも言えましょう。

第二章　ホモ・サピエンスの世界への分散

《一》アフリカ時代のホモ・サピエンス（二〇万年〜八・五万年前）

ホモ・サピエンスの誕生（二〇万年前）

一九六七年、ケニアの古人類学者リチャード・リーキー（一九四四年〜）率いるチームが、エチオピアのアファール低地のオモ川下流のキビシュ層（一七ページの図一参照）で、ホモ・サピエンス（現生人類）の化石（頭骨二個と一体分の骨格の一部）を発掘しました。その後、二〇〇五年になって、オーストラリアの地質学者イアン・マクドゥーガル（一九三五〜二〇一八年）率いる地質学者と人類学者のチームが、リーキーが化石を発見した発掘現場を再調査して、その化石は一九万五〇〇〇年前のものであると結論づけました。こうして現在ではオモの化石が、世界最古のホモ・サピエンス（現生人類）の化石とされています。

私たち人類に直接つながるホモ・サピエンスは、二〇万年前頃に、東アフリカのホモ・ハイデルベルゲンシスが進化して誕生しました。ホモ・サピエンスは、ラテン語で「賢い人間」を意味します。ホモ・サピエンスが誕生してしばらくしてから、地球環境は急に悪化しはじめました。

一九万五〇〇〇年ほど前のことですが、これは地球科学でリス期の氷河期の長い氷期に入っていったからです。ここから寒冷で乾燥した気候が支配するようになり、アフリカ大陸の大部分は居住に適さない土地となりました。人類に必要な食物を確保することが難しくなり、こうした状態が一二万三〇〇〇年前まで続きました。

この氷期に直面した結果、ホモ・サピエンスの数は大幅に減少しました。このように人口が危機的と言えるほど減る事象を「進化のボトルネック現象」と言いますが、ボトル瓶の狭い部分のように、人口が極度に減少したことを意味しています。このとき、ホモ・サピエンスは一〇〇〇〇人を切るほどまでに減ったと推定されています。現在の人類は、こうした世界的な寒冷期を生き延びた小集団の末裔なのです。これはミトコンドリアのＤＮＡ分析から確認されたことです。

言語能力が増大したホモ・サピエンス

ホモ・サピエンスの脳容積がほぼ一四五〇立方センチメートルになりましたが、もはや、それ以上にはならなくなりました。おそらく大きな頭を持つことの、出産におけるリスクが制約となっているのでしょう。

むしろホモ・サピエンスの時代には、その質的変化が重要であります。人類学では、ホモ・サピエンスの頭骨を短頭・高頭と言っていますが、これは前頭骨が高くなり、ひたいの膨らみが増していることで、これは脳の新皮質の前頭葉が大きくなったことを示しています。ホモ・サピエンスの進化は、もはや脳容積の増大ではなく、脳の質的変化にあったと言われますが、それに最も貢献したのは言語能力の増大であったと言われています。私たちが言葉を操《あやつ》るとき、脳の新皮質の部分が活発に活動します。

中でも、側頭部のブローカ野と呼ばれる部分は、言葉を聞き、返答するときに、単語の意味を解読し、筋肉を精密に操るという点で発音時に重要な役割を果たしています。ブローカ野に損傷を受けると、ブローカ失語の症状を示し、文法的に複雑な文章を作り出すことが不可能になります。そして、最近の遺伝子分析から、このブローカ野の活動に大きな影響を与えているのが言語遺伝子ＦＯＸＰ２であることがわかりました。

この言語遺伝子ＦＯＸＰ２は第七染色体にある遺伝子で、この遺伝子が言語に影響を与える現在の形になったのは、分子時計の考えで調べたところ、二〇万年前という結果になり、まさにホモ・サピエンスへの進化によって得られたものであることがわかりました。

人類の発声機能は二〇〇万年前のホモ・エレクトス（ホモ・エルガステル）の時代から発達してきて、徐々に簡単な言葉は話せるようになってきたと述べました。その後も七〇万年～六〇万年前に、喉頭が喉の下方に移動し、喉頭と舌根をつなぐ舌骨も発声を助ける位置に変わり、多様な音を出せるようになりました。この変化はホモ・ハイデルベルゲンシスの時代に生じており、ネアンデルタール人にも舌骨が備わっていました。話すのに欠かせない特別な呼吸法をホモ・サピエンスが会得したのも、この時代以降だと考えられています。

そのような言語能力の総仕上げとして、言語遺伝子ＦＯＸＰ２が言語の統合能力をスイッチオンさせたと考えられています。現代人は、なんらかの障害がない限り、すべての人間は言葉を学ぶ能力を持ち、二〜三歳の子供の頃から言葉を覚えます。どんな言葉でも、言語の習得能力に違いはみられず、また言語にかかわる中枢もみな同じです。そしてこれらの事実は、言語がすべてのヒトに共通する生物学的基盤の上に成立していることを明らかに示しています。

知恵の外部化、文化化

ホモ・ハビリスの頃、石器が発明されましたが、それが便利であったので、他のものが真似をして模倣し、やがて集団内に、全ホモ・ハビリスに伝播したと述べました。この「創造と模倣・伝播の法則」も複雑な言葉を持つようになって、ずっと容易にできるようになりました。

ホモ・サピエンスは、この言葉の向上によって、石器をはじめとする道具の製作や使用、共同作業などの新たなハードやソフトを生みだしただけではなく、たとえば、文化、知性、相互理解、洞察力、助け合う心、慈《いつく》しむ心などを急速に発展させるようにもなり、人類は明らかに他の生物と一線を画しはじめました。

人類を含む動物は遺伝子の変化で環境の変化に適応（進化）してきましたが、大変長い時間がかかることは再三述べてきたところです。しかし、人類はホモ・サピエンスの段階から遺伝子の変化だけでなく、一言で言えば、言葉によって、つまり文化によって（私はこれを社会システムと言っていますが）、環境変化に適応できるようになったのです。

前述しましたように、ヒトには脳容積、脳能力には限界があります。しかし、一人の人間が「創造」した石器や道具、あるいは壁画などが、言葉で伝えられ、他の者に「模倣・伝播」していき、それに他の者の「創造」が加えられるようになっていきました。

つまり、言葉によって新しい仕組みや社会システム（これが「文化」ですが）が積み重ねられるようになりました。これからのホモ・サピエンスは文化力によって進化していったのです。たとえば、アインシュタインは人類最大の科学者でした。しかし、彼が他の人間の何百倍もの知能を持っていたというわけではなく、二〇世紀初めまでに人類が築いてきた科学システムの（彼はそれをマスターし）最先端のところに彼の独創的な理論を付加したのです。人類の成功は自己能力の外部化、文化化、その積み重ねにあったのです。

ホモ・サピエンスの石器製作技術の進歩～中期旧石器時代

狩猟採集はグループの共同作業で行われましたが、それだけでなく、グループ内およびグループ間では、食料や労働、子供の世話、重要な情報（水、敵の動向、食物がどこで手に入るかなど）も共有されるようになりました。技術も言葉を通して共有されるようになり、進歩が速くなりました。

人類の石器製作技術の進歩は、四五ページの図四のように前期旧石器時代・中期旧石器時代・後期旧石器時代の三期に分けて追っていくことができるということはすでに述べましたが、ホモ・サピエンスのアフリカ時代はまさに中期旧石器時代でした。

二〇万年前に誕生したホモ・サピエンスは、それに先行するホモ・ハイデルベルゲンシスが使っていた石器を引継ぎ、大きくて危険な草食動物も狩《か》れるようになっていました。ホモ・サピエンスは、尖頭器を発明しましたが、尖頭器は両面を二次加工した剥片《はくへん》で、槍の先端部になるように尖頭にされていました。

その頃には複数の部品を組み合わせる道具が作られていましたが、これもおそらく共同作業のたまものでしょう。その典型的なものが細石器《さいせっき》でした。この石器はタンザニアのムンバにある七万年前頃の岩場の居住地で初めて見つかりました。この細石器は、長さは二五ミリメートル以下で、小さな石刃《せきじん》や石刃の切片から小さいが精密に調製された道具が作られました。用途は幅広く、ことに槍、小刀、矢など、柄をつけた複雑な道具や武器に利用されました。武器につけた細石器は損傷しても簡単に修理したり、つけ替えたりすることができました。これらはもっとも洗練された石器であり、アフリカのホモ・サピエンスが発明した特徴的なものでした。

時代が下がるとさらに便利な道具（投槍器《とうそうき》や弓など）が登場し、四万年前以降になりますと、その多くに高度な装飾が施されるようになりました。たとえば、ピレネー山脈に点在する複数の遺跡で発見された似通った五本の投槍器はいずれもアイベックス（ヤギ属）の形に彫られていて、共通の技巧的伝統があり、おそらく徒弟制度のようなものがあったのではないかと思われます。その上、投槍器は弓と同様「道具を使うための道具」（この場合は槍を遠くへ飛ばすための道具）であり、まったく新しい種類の複雑さです。

ホモ・サピエンスは骨や角など、石以外の素材を使った道具や武器も作りはじめていました。アフリカには一〇万年前までさかのぼる骨器の証拠がたくさんあります。南アフリカのブロンボス洞窟で八万四〇〇〇年～七万六〇〇〇年前の精巧な加工の骨角器（槍の穂先と思われます）が作られていました。七万年前のカタンダの銛《もり》の先端のように逆トゲがついている骨器もありました。このようにアフリカの中期旧石器時代には、さまざまな様式の細石器や骨器が登場していました。

石臼はホモ・ハイデルベルゲンシスの時代に発明されて、アフリカで早くから使用されていましたが、二つの異なる機能がありました。一つは食物をすりつぶすこと、もう一つは、岩の塊から赤、黄色、黄土色といった鉱物の顔料をすりつぶすことでした。この顔料の製法は知的進化に大いに関係しているので、後ほど述べます。

このようにホモ・サピエンスは道具製作の面でも能力を発揮し、すでにアフリカにいる段階で、その後、ヨーロッパやその他の地域で発見される高度な石器や骨角器などを発明していたことがわかりました。

海岸生物採集をはじめたホモ・サピエンス

一九万年前から一三万年前にかけて続いた厳しい氷期（リス期の氷期）のために、人類がカロリーとタンパク源としていた獲物はほとんど消えてしまいました。この時期、ホモ・サピエンスはギリギリの極限状態で生き伸びていたようです。このような飢餓の中で、だれかが浜の貝や海洋生物を採って食べたら食べられることがわかったのでしょう。タンパク質に富むそれらの食物は栄養価が高く、脳によく、また簡単に採ることができることがわかりました。

このようにしてホモ・サピエンスが一四万年前から新しい生計の形として、海岸生物採集という方法を加えたことは特筆されることです。海岸採集の遺跡は南アフリカのクラシーズ川の河口でも見られますが、エリトリアの紅海沿岸アブドルにも海岸採集の遺跡があります。そこでは、カキの貝殻はつい前日に捨てられたばかりのようです。

化石化した貝塚の貝に固められて黒曜石《こくようせき》の剥片道具が突き出していました。その形からはっきりと加工されたものであることがわかりますが、そこからもっとも近い黒曜石の産出場所でも二〇キロメートルは離れていますので、海岸まで運ばれてきたものと思われます。貝塚、屠《と》殺《さつ》された動物の骨、黒曜石の剥片の加工品などから、この海岸に住んでいたホモ・サピエンスが雑食をしていたことがわかります。

交易の始まり

さまざまなホモ・サピエンスの行為のなかで、驚くべきことは、長距離間の交換、つまり、道具や未加工の黒曜石といった重要な物を携えて、三〇〇キロメートルもの距離を交易あるいは移動したということであります。少なくとも一四万年前からはじまっていたと考えられています。黒曜石は割ると非常に鋭い破断面を示すことから先史時代から世界各地でナイフや鏃《やじり》、槍の穂先などの石器として長く使用されました。人類最初の（国際）交易品であったようです。

すでに人間には自分が協力した場合の損得を計算できる能力もあったようです。それまで、人間にとって赤の他人は絶えず警戒の対象であり、まかり間違えば、闘いがはじまる関係にありましたが、好ましい状況にあれば、ギブ・アンド・テイクの互恵性で、その人を信用するようになったのです。そのためには新しく獲得した言語能力で意思疎通ができるようになったことが大いに役立ったことでしょう。動物種のなかでこういった社会的信頼を発達させたのはホモ・サピエンスだけでした。

こうした長距離の交易ネットワークは、いざという時の避難所を確保できる保険ともなりましたし、交易に伴って異なる集団間でコミュニケーションをとることで文化の革新的要素を速やかに伝播させる媒介にもなりました。さらに、異集団間での婚姻という形で、外部から遺伝子を相互に受け入れるのにも役立ったでしょう。そうした際に重要な役割を果たしたのは装身具に用いられたビーズなどだったのでしょう。

芸術を持ったホモ・サピエンス

美術的表現の兆候は、早くも一〇万年以上前に出現していました。南アフリカのディープクルーフ岩窟住居で、彫刻された卵の殻が発見されました。イスラエルのスフール洞窟で発見されたビーズは一三万五〇〇〇年～一〇万年前のものですが、モロッコのピジョン洞窟で見つかったビーズは八万年前のものでした。アフリカ大陸の最南端のケープタウンから車で二時間ほどのインド洋に面したブロンボス洞窟からは、七万六〇〇〇年前の四一個の貝殻を使ったビーズの首飾りなども発見されています。また、小貝殻が入手できない内陸では、ダチョウの卵の殻に穴をあけたビーズがあり、六万年前までさかのぼるものがありました。

さらにブロンボス洞窟からは、オーカーと呼ばれる赤い鉄鉱石のかけらが発見されました

（一〇万年前）。この石をこすりあわせると赤い粉末が落ちます。この粉を使って、ホモ・サピエンスは壁に模様を描いたり、体や顔に塗って装飾に使っていました。一〇万年以上前のものと推定される擦《す》れた面を持つヘマタイト（赤鉄鉱）鉛筆も、南アフリカ各地で発見されています。

具象壁画のはっきりした最初の証拠は、ヨーロッパではなく南アフリカのナミビアで発見されています。その推定年代は六万年前から四万年前の間とされています。現時点で世界最古の絵画は、スペインのエル・カスティージョ洞窟の赤い円と、ヨーロッパから遠く離れたスラウェシ島（インドネシア）のティンプセン洞窟の手形（どちらも約四万年前）です。ティンプセン洞窟では豚のような動物が描かれています。当時、ヨーロッパ以外でも美術品が生まれていた証拠です（ヨーロッパではこのあと有名なショーベの壁画やアルタミラの壁画が現れます）。

この時期には、ドイツのホーレ・フェルスで発見された女性の姿を彫ったペンダント（約四万年前）のように、「持ち運びできる」美術品も製作されました。「ホーレ・フェルスのヴィーナス」と呼ばれるこの作品は、知られている限りでは人をかたどった最古の例です。焼き物の像として最も古いクロアチアで発見された「ドルニー・ヴェストニッェのヴィーナス」は二万九〇〇〇年～二万五〇〇〇年前に作られたもので、作者が火の効果を試してみたようです。象牙や骨、鹿角の彫像などの他、東ヨーロッパでは粘土を焼いて動物や人間の小像を作っていました。これらの作品の意味合いは推測するしかありませんが、その美術的能力はアフリカにいたホモ・サピエンスの時代から備わっていたと考えられます。

抽象的な図案や幾何学模様も発見されています。例えばブロンボス洞窟では、赤みを帯びた黄土がブロック状に形成され、その表面に繊細な網目状の図案が刻まれていました。やはり南アフリカのディープクルーフ洞窟で見つかったダチョウの卵の殻に複雑な幾何学模様が刻まれていました。

これらの事実は、ホモ・サピエンスがそれまでにはない脳の使い方をはじめたことを意味しています。壁画、幾何学模様などの物的なものしか遺物として残っていませんが、そこにはホモ・サピエンスが芸術や儀式などの抽象的な思考を持ちはじめていたことがわかります。それらは高度な言語を通じてはじめて可能になることでした。

衣服の発明

初期のホモ・サピエンスやネアンデルタール人が顔料を用いていたこと、装飾品を身につけていたことについては、前述しましたように物的な証拠があります。しかし、地中に埋もれた衣服は残りませんので、衣服については間接的なことしか言えません。

生物学的な見地から、極寒の氷河期には、北半球に住む人類は体を覆う直線裁ちの衣服を必要としただろうと推測されています。寒さに強い体だったと考えられているネアンデルタール人でさえ、体の少なくとも八〇％（とくに手と足）を覆う必要がありました。

もう一つ、外部寄生虫の研究も手がかりになります。コロモジラミは衣服につくように適応した昆虫ですが、ＤＮＡを調べた結果、アタマジラミから分かれたのが少なくとも一七万年前と推測されます。この頃衣服を着るようになったので、コロモジラミが誕生したという説があります。

世界最古の衣服はおそらく動物の皮を使って作られたでしょう。ドイツのノイマルク・ノルト遺跡でタンニンで染めた生物素材のかけらが石器に貼りついているのが発見され、このことから、一〇万年以上前のネアンデルタール人は動物の皮をなめす技術を会得していたと考えられています。彼らは針を持っていませんでしたが、突き刺したり突き通したりできるよう工夫した道具を使って、いくつかに切り分けた皮や毛皮を縫い合わせていたのでしょう。

ホモ・サピエンスはシベリアのマリタ遺跡（二万三〇〇〇年前）で骨製の針が発見されていますので、フードつきの体全体を覆う服が作られていたようです。植物で布地を織る技術はホモ・サピエンスから始まったようです。ジョージアのジュジュアナ洞窟で、染色した植物繊維（三万年前）が見つかっています。少なくとも二万八〇〇〇年前には布地を織っていたことが、他の遺跡からもわかりました。

宗教の誕生

人類が死という概念を認識したことを示す最初の証拠は、遺体を「隠す」、または一ヶ所に集めるという風習でした。九万二〇〇〇年前に、イスラエルのカフゼーとスフールでは多数のホモ・サピエンスが埋葬されました。そのなかには若者や子供が一緒に埋葬されている事例や、一〇代の子供の胸に鹿の角が置かれている事例がありました。四万年前以降は埋葬される場合が増え、何らかの品物と一緒に埋められるケースも多くなりました。ロシアのスンギールでは、一つの墓に二人の子供が合葬され、槍や多数のビーズ、赤い顔料で色づけした大人の大腿骨が一本添えられているのが見つかりました（二万五〇〇〇年前）。ただ、このような豪華な墓は稀でした。もっと簡単な埋葬が一般的で、遺体をいくつかに分解して別々に埋葬することもありました。

このようにホモ・サピエンスの儀式的埋葬の証拠は一〇万年前のものが知られており、ベンガラで着色された人骨が見つかっています。またさまざまな副葬品が埋葬地跡で発見されました。イノシシの下顎骨が人骨の腕にはめられているのが発見されています。あるアフリカの鉱床では、少なくとも一二〇〇トンの顔料鉱石が崖《がけ》の表面から採取されています。顔料は、壁や物に描いたり、ボディ・ペインティング、埋葬用、また皮の保存に使われたりしました。

このような壁画、幾何学模様、ボディ・ペインティング、埋葬物着色などは宗教的シンボルやシャーマニズム的習慣とも関係があると考えられています。超自然的存在は他人に伝えたり、共有したりすることは常にむずかしいのですが、具体的な物質の形に変換すれば、超自然的概念は伝えられ理解されやすくなります。洞窟などで発掘されたシンボルの証拠は、当時のヒトの心が宗教的思考力を持ちはじめたことを示していると言われています。

宗教は人から人へと伝えられる言語のようなコミュニケーションを必要とするので、宗教の誕生は言語にあったという説もあります。宗教の本質は共同参加にあり、人々が集まって宗教儀式を行いました。英語のreligion（宗教）は「結び付ける」を意味するラテン語religareから派生しています。社会的に結束させるというのが宗教の本来の役割であったようです。

宗教儀式には歌や踊りなどヒトを感動させる行為が含まれています。みんなで歌い、踊れば、気持ちが高揚してきて自分たちは同じ宗教的考えを共有しているとの思いが強まってくるのです。それができないものは「よそ者」「たかり屋」として追放されたのでしょう。当初の宗教は信用できない者をコミュニティから追い出す役割を担っていたとも言われています。

その後、コミュニティが闘うときには宗教はヒトを鼓舞《こぶ》する手段になりました。これは首長も権力者もいない狩猟採集民社会では重要な役割となったことでしょう。ホモ・サピエンスが完全に人間の言葉を話せるようになったのは、出アフリカの直前だったので、この現代的な言語の発展をもって宗教も生まれたと考えられています。

争いの発生

ホモ・サピエンスの社会は、けっしてよい面ばかりではなかったでしょう。ホモ・サピエンスは、狩猟採集民で平等主義の小規模社会に暮らしていて、その社会には、財産も首長も社会的順位もありませんでした。しかし、この集団では闘争が絶えなかったでしょう。自分たちの縄張りを守るために闘ったし、近隣の集団を急襲していたでしょう（現在の野生の霊長類も絶えず、餌場の縄張り争いをしています）。集団の人数が一五〇人以上になるなど一定の規模を超えれば、頭《かしら》や裁く者のいないところでは争いはもっと頻繁になり、集団は血縁関係のある小集団に分裂したことでしょう。

現存する未開民族の人類学的研究と旧石器時代の遺跡や人骨などの証拠をもとに、イリノイ大学シカゴ校の人類学者ローレンス・キーリーは、闘争は、未開社会では日常茶飯事で、およそ六五％が、年がら年じゅう交戦状態にあり、八七％は年に一回以上闘っていて、典型的な未開社会では毎年、人口の約〇・五％が戦闘で失われていたと述べています。狩猟採集民であったホモ・サピエンスも、同じような状況であったと想像されています。

ホモ・サピエンスの生活

それでは、その頃の狩猟採集時代のホモ・サピエンスの生活はどのようなものであったでしょうか。それをさぐる手がかりは今のところありません。そこで、現生のアフリカ人で現在も狩猟採集の生活をしているサン族の生活からさぐってみましょう（後述しますが、サン族の遺伝子の系統はL０というアフリカでは最も古い集団です）。

狩猟採集民サン族はその土地にあるものを食べて生活しています。おもな食料はナッツ類ですが、植物の知識は豊富です。二〇〇種以上の植物を識別し、そのほとんどが食べられるものだと言っています。サン族の食料の六〇～七〇％が植物で、三〇～四〇％が狩猟で手に入れた動物です。

サン族は少人数で暮らし、食料源を食べつくすと野営地を移動します。家族の持ち物である道具類、ダチョウの卵の殻を利用した食器、子供たちのおもちゃ、楽器は二つの袋に詰め込みます。なにも貯蔵しません。必要なものはすべて、周りの自然（環境）から手に入れます。簡便さはサン族の生活にすっかりしみこんでいます。

子供の人数にしてもそうです。子供が一人なら、女性は荷物を運びながら子供を連れて行けますが、子供が二人では重荷になります。そのため、サン族の女性は最初の子供が十分歩けるようになってから二番目の子供をつくるようにしています。しかも、サン族の子供がようやく乳離れするのは四歳であるので、それまでは食料を探しまわるときでも、野営地を移動するときでも、母親は子供を抱いて行きます。

サン族の女性は野営地を出て出産します。男性が出産の場に立ち会うことはタブーとなっています。子供を育てるのは重労働であることはわかっていますので、母親は生まれた赤ん坊に欠陥がないかどうか詳しく調べます。子供が不具だったら、または、双子だったら、それを間引くのは母親の義務となっています。父親が居合わせなければ、赤ん坊を育てるかどうか母親は決断しやすくなります。サン族にとって、人の生命が始まるのは誕生時ではありません。赤ん坊を抱えて野営地に戻り、赤ん坊に名前をつけて真の人間として受け入れたときに人の命は開始します。ここにサン族独特の生命観があります。この嬰児《えいじ》殺しは殺害と同じではないのです。

サン族は土地で仕留めた動物の肉からはじまって、ほとんど何もかも分け合います。男性の狩猟の腕前に差はあっても、余った肉をだれかが独占したり、威張りちらしたりしないので、いちばん有能なハンターでも自分の社会的順位を上げることはできません。自慢することと、ケチであることがサン族ではもっとも嫌われる性格です。

結婚できる相手は、自分の集団以外の異性です。集団は家族、近親、義理の親たちが中心となって、せいぜい三〇人ほどです。しかし、乾燥する冬季の間、あちこちに散らばっていた集団は一ヶ所に集まり、物を分けあい、結婚式を準備し、宴を開き、夢中になって踊ります。

彼らの社会生活では、およそ三〇人が集団規模の限度です。サン族の集団は平等主義であるので、争いを解決したり秩序を保ったりする権威者は、まったくいません。他の者と意見が対立して不服なら、その場を離れ、自分に賛成する者と家族を連れて野営地を出て行くしかありません。私有財産もプライバシーも最小限しかありません。問題が起これば、自分ひとりか身内と一緒に解決する他ありません。

サン族同士の暴力も日常茶飯事で、サン族の殺人の割合は一〇万人につき二九・三人であり、アメリカ人の約三倍となっています。サン族の集団で争いが起こると、「話し合い」「闘い」「殺し合い」の三段階を経るそうです。最後の段階では毒矢が登場します（弓矢の発明は二万年前でした）。殺人の経験のある男性はたくさんいるようです。

以上が現在のサン族の生態ですが、一〇万年前のホモ・サピエンスの集団もかなりこれに近い生活をしていたのではないでしょうか。

弓矢は二万年前に発明されたので、一〇万年前の祖先集団は弓というものを知らなかったでしょう。弓矢など飛び道具の技術がなければ、狩猟において、大型動物をしとめるのはたいへんで、狩りをしていた男性たちは追跡して槍で突き倒せる小型の獲物を狙ったのでしょう。一方、女性たちは棒で地面を掘り起こして根茎類など植物性の食料を集めていたでしょう。

サン族とちがって、一〇万年前のホモ・サピエンスは海岸生物の採集がかなり大きな比重を占めていたようですから、男女とも海岸で過ごす時間が多かったでしょう。また、海岸の洞窟などが生活の場となったでしょう。ホモ・サピエンスは、アフリカの太陽から身を守るようみんな皮膚が黒かったのは間違いありません。また、骨格は現代人よりがっしりしていて骨太だったでしょう。

アフリカで誕生したホモ・サピエンスの社会と生活は以上のようであったでしょう。

《二》世界へ分散したホモ・サピエンス（八・五万年〜一万年前）

多地域進化説とアフリカ単一起源説

二〇世紀の後半、分子遺伝学が進歩して、生物の進化系統樹をつくることができるようになりましたが、一九八七年、カリフォルニア大学バークレー校の分子遺伝学者だったアラン・ウィルソンとレベッカ・キャンは、世界の主な人類集団のミトコンドリアＤＮＡの系統を解析し、全人類の母系の共通祖先は、約二〇万年前のサハラ以南のアフリカに存在したという新説を発表しました。

それは、図五の右図のように、すべての現代人は、およそ二〇万年前にアフリカに生きていたあるグループの女性の子孫であるというもので、アフリカ単一起源説（単一系統進化説）と言われています。

この学説の要点は、ホモ・サピエンスがアフリカで誕生したことと、世界各地の集団の分岐の年代が従来考えられていたように一八〇万年以上（ホモ・エレクトスの時代）も昔のことではなく、約二〇万年前（ホモ・サピエンスの時代）という人類の進化史から見れば比較的新しい時代だったことを示したところにあり、従来の定説だった多地域進化説を完全に否定するものでした。

多地域進化説とは、「現代人は各地域の原人（ホモ・エレクトス）が独自に進化して成立した」というものでした。たとえば、図五の左図のように、ジャワ原人が東南アジア人、北京原人が中国人、（ホモ・ハイデルベルゲンシスが進化した）ネアンデルタール人がヨーロッパ人などになったと考えられていました。これは長い間人類学の分野の定説となっていました（実際には、多地域で進化したことは自明のこととして受け入れられていて、多地域進化説という言葉もありませんでした）。

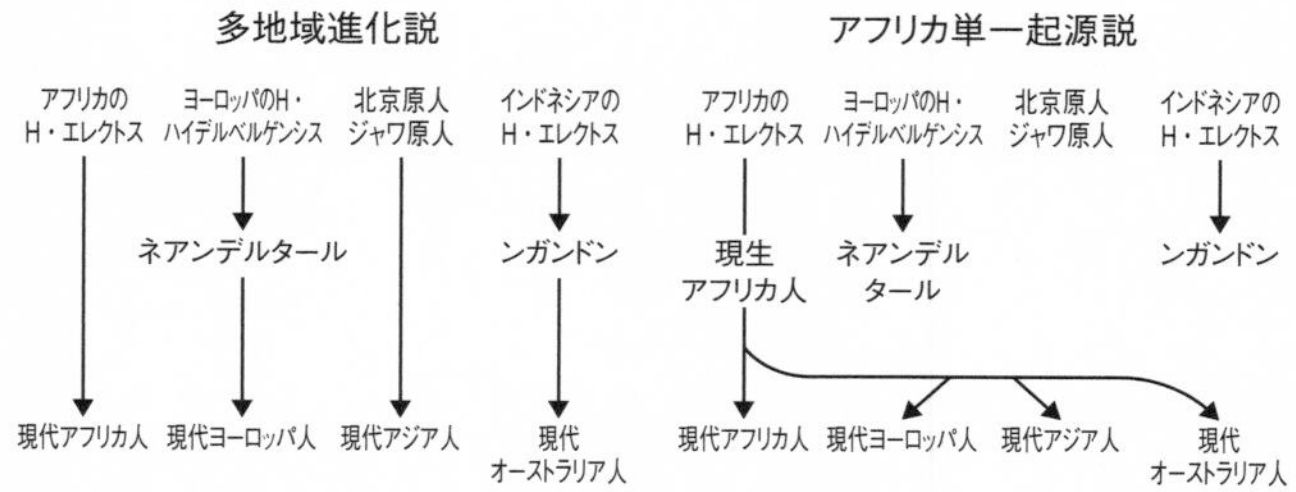

図五　多地域進化説とアフリカ単一起源説

この新説が発表されると、当然、激しい論争がおきましたが、その後、ＤＮＡ解析技術の発展に伴って、ＤＮＡ配列をベースとした研究が世界中の地域集団を対象に行われるようになり、多くの研究者が彼らの結論を支持する論文を発表し、現在ではこの学説は広く受け入れられるようになっています。

現在では、ミトコンドリアＤＮＡの系統分析、又はＹ染色体の系統分析によって、ホモ・サピエンスが地球に広がっていった移動の跡をたどっていけるまでになりました。

それによるとミトコンドリアＤＮＡのもっとも古い変化は、一五万〜一九万年前にアフリカで起こったことがわかってきました。その後、新しい突然変異が八万〜六万年前にアジアに現れるようになりました。このことから、ホモ・サピエンスはアフリカで進化し、そのうちのあるものが八万〜六万年前以前にアフリカからアジアへ移動していったことがわかってきました。

Ｌ３の一集団が出アフリカ

ミトコンドリアＤＮＡの全塩基配列を用いた系統分析によって、アフリカの集団はひとまとめにされて、ハプログループＬという名称が与えられ（ハプログループとは、単一の一塩基多型変異を持つよく似た集団のことです）、その後の研究で、アフリカ集団はＬ０、Ｌ１、Ｌ２、Ｌ３という名前がつけられました。

Ｌ０のハプログループを高い頻度で持つのは、カラハリ砂漠に住むコイ族、サン族の人で、Ｌ０の分岐の時期は一五万年前から九万年前と見積もられています。現在のコイ族、サン族の分布域である南アフリカには一〇万年をさかのぼる時代のホモ・サピエンスの遺跡があることなどから、人類の最初の拡散は東アフリカ（ホモ・サピエンスは前述のように東アフリカで誕生）から南の方向を目指したものであったと推測されています。

この時期は氷河期であり、アフリカは大きな気候変動を繰り返していたことは述べました。極端な乾燥化と湿潤な気候が交互に現れる環境だったようで、自然からの恵みに頼る彼らの生存が脅かされる事態も多かったことでしょう。

Ｌ０から分岐した主な枝Ｌ１、Ｌ２、Ｌ３は、いずれもサハラ砂漠以南に暮らしているアフリカ人であり、最初の核となったホモ・サピエンスは拡大や分裂を行い、まず、アフリカに広まりました。

そして、アフリカ系統Ｌ３から、アフリカでは見られなかった突然変異Ｎ、Ｍが南アラビアとインドに八～六万年前から現れはじめました。これはアフリカのＬ３の一部がアフリカから出て行ったことを示しています。Ｎ系統（ヨーロッパ系の集団とアジア系の集団の混合したもの）は南アラビア起源であり、Ｍ系統（アジアの集団だけで構成されています）はインド大陸の起源であります。系図の枝の年代は推定することができ、またその地理的な分布を調べることによって、どのようなルートをたどったかはわかりました。七万二〇〇〇年前にM系統からオーストラリア人、ニューギニア人などが分かれていました。さらに広く世界中の現世人の遺伝子分析を行うことによって、アフリカから世界にホモ・サピエンスがどのように分岐して世界に分散していったかがわかりました。

このように、ホモ・サピエンスはアフリカで進化し、そのうちの一つの出アフリカ・グループがアフリカを後にして、アフリカ大陸を離れたあとも生きのびて、その他の世界に移動して、すべての非アフリカ人、つまり、世界中の人間になったことがわかりました。

現世人類の遺伝的多様性がきわめて小さいことは、人類のアフリカ単一起源説に基づき、ホモ・サピエンスの一グループがボトルネック効果により、その後、増加していったことを裏づけています。

このボトルネック効果とは、具体例を挙げますと、たとえばアメリカ先住民（アメリカ・インディアン）はほとんど血液型がO型ですが、二万数千年前あるいは一万数千年前に氷河期のベーリング海峡（凍っていてアジアとアメリカはつながっていました）を横断したごく少数の家族（偶然にもO型の者が多かったのです）が、その後、増大してすべてのアメリカ先住民になったため、O型の頻度が高くなったと考えられています。このような現象をボトルネック効果あるいはビン首効果と言っています。

つまり、細いビンの首から少数のものを取り出すときには、平均的なものではなく、元の割合からみると特殊なものが得られる確率が高くなるという原理です。集団遺伝学におけるボトルネック効果（ビン首効果）とは、生物集団の個体数が激減することにより遺伝的浮動（偶然性に左右される遺伝子プールの偏《かたよ》り）が促進され、さらにその子孫が繁殖することにより、遺伝子頻度が元とは異なるが均一性の高い（遺伝的多様性の低い）集団ができることを言います。

これと同じことが、アフリカの一グループが出アフリカをして、世界に広まったとしたら（現実そうでしたが）、すべてのヒトは似かよっていると言えるでしょう。現在、七八億人を超えた世界中の人々はすべて出アフリカをした人々（多分、百数十人の親類縁者だったでしょう）の子孫であるということです（正確に言いますと、そのときアフリカに残ったＬ０、Ｌ１、Ｌ２、Ｌ３系統の子孫は別です）。

人類の歴史を見ますと（生物一般でも同じですが）、猿人、原人の各段階で進化するということは、このビン首効果で促進されてきましたが（つまり、特定の遺伝子を持ったグループが増大したということです）、これから、ホモ・サピエンスがアフリカを出て、世界中に拡散するにあたって、各地の多様な地形、気候などの環境によって、少数のグループに分断、孤立することは頻繁に起こったことでしょう。そのときこのビン首効果がきいて、人類は予想以上のスピードで多様化していったと考えられています。

しかし、多様化したと言っても、肌の色が変わったとか、背が高くなった、低くなった、食物が変わったというようなことで、種が変わるほどの変異はしてはいません（まだ、八万五〇〇〇年しか経っていません）。あくまでホモ・サピエンスはホモ・サピエンスという一つの種であります。

八万五〇〇〇年前の出アフリカ

前述しましたように、アフリカのＬ３の一部が八万〜六万年前より以前にアフリカから、それもただ一つのグループがアフリカを後にして、世界へ旅立っていったことが遺伝子分析でわかりました。

人類がアフリカを出たタイミングと道筋は、気候の変動に大いに左右されました。

当時は、アフリカから出るには北と南の二つのルートがありました。一つは、図六のように北へ向かい、サハラからシナイ半島を通ってレバント、ヨーロッパへ、あるいはアジアへと続いていました。これは今も昔も陸続きであります。もう一つは、アフリカの紅海の入り口のバベル・マンデブ海峡を渡ってイエメン、オマーン、そしてインドへと続いていました。どちらのルートが可能かは、氷河期の氷期の程度によりますが、九万〜四万五〇〇〇年前の間は、最後の氷河期であるウルム期の氷期に向かっていましたので、シナイ半島周辺はホモ・サピエンスにとって絶望的な環境（極端な乾燥期）になっていました。

　ということは、八万～六万年前より以前に出アフリカを果たしたのは、南の出口しかなかったことになります。現在の紅海の南の端のバベル・マンデブ（悲しみの門）海峡は、幅二五キロメートル、深さ一三七メートルですが、氷河期で水位が下がった当時は、海峡の幅はずっと狭くなっていたと考えられます。

　その頃は、海水面の低下の状況（海峡の幅が狭くなっていました）、海水の汚染度（海水が少なくなり汚染して海岸採集ができなくなっていたでしょう）とともに、オーストラリアには六万年前のホモ・サピエンスの遺跡があること、七万四〇〇〇年前にあったスマトラのトバ火山噴火の前にインドからマレー半島を通過しているはずであること（トバ火山噴火の火山灰の下からホモ・サピエンスの遺跡が出てきています）、中国柳江には六万

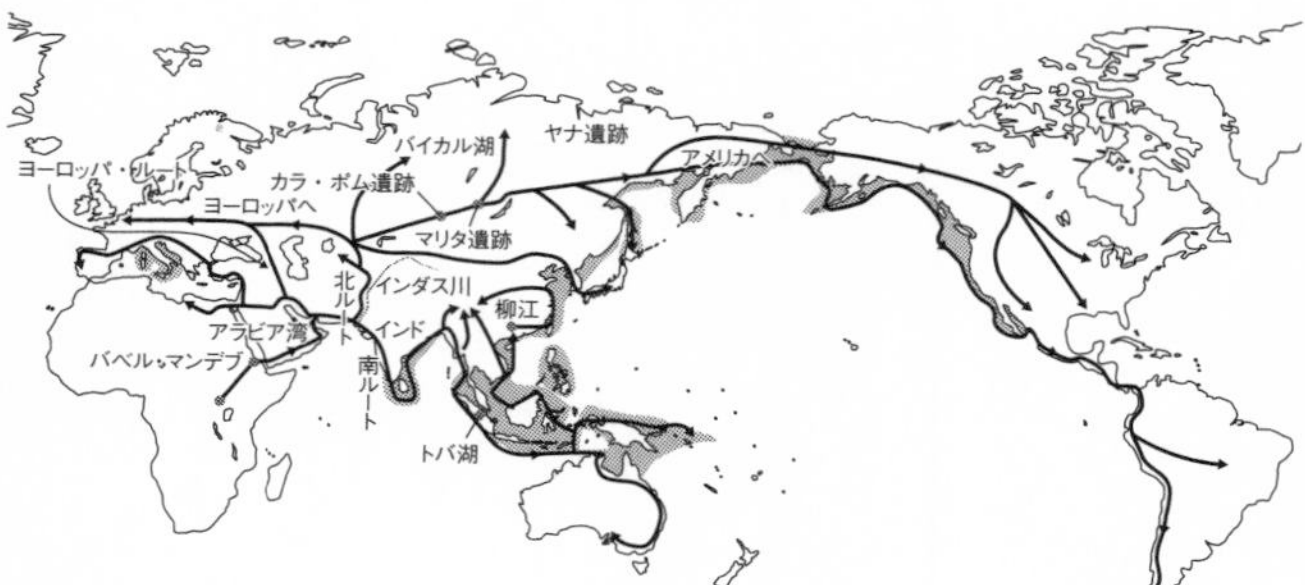

図六　出アフリカ後の世界分布状況

八〇〇〇〇年前のホモ・サピエンスの遺跡があることなど、いくつかの条件に間に合うように、出アフリカをしたと考えられます。

これらの条件を満たすのは、紅海西岸の海面が現在より八〇メートルも降下し、環境が急速に悪化し、食料採集条件が悪化した八万五〇〇〇年前頃であったと推測されています。逆に出アフリカの時期を八万五〇〇〇年前に仮定すると、前述したいくつかの条件も満たすことができます。

しかし、当時は氷河期であったので海面が今日の海岸線より八〇メートルも下にあり、彼らの生活の場、遺跡は現在ではすべて海面下に消えてしまっていますので、具体的なルートや遺物を探索することはできません。ただ、悲しみの門のすぐ北にあたる紅海西岸のエリトリアのアブドルで一二万五〇〇〇年前のホモ・サピエンスの遺跡（これは高台にあり残っています）が発見されています。

そこでは海洋生物とともに大型哺乳類の屠殺された骨や黒曜石の石刃が出土し、海洋採集と狩猟の生活をしていたことがわかりました。そのような生活がずっと続いて、その浜だけでは養いきれないほどの人口が増加して、しかも、氷期が進んで海水面がどんどん低下して、紅海の海水の酸素不足によってプランクトン・レベルが悪化し暮らしに大きく影響するようになったのではないかと推測されます。

それにひきかえ、悲しみの門の外にあるイエメンのアデン湾の浜はインド洋から押し寄せる海水によって豊富な酸素が供給され、採集する条件が非常によいと思われたかもしれません。海水面が下がっていて海峡が狭まっていましたので、その状況は島や半島の高台に登れば見えたかもしれません。

ということで、ついにホモ・サピエンスの一グループが八万五〇〇〇年前のある日、決心をしてバベル・マンデブ海峡を渡る旅に出ました。狩猟採集民がまとまれるのは一五〇人が限度と言われますから、彼らは一五〇人ぐらいだったかもしれません。狩猟採集民あるいは海岸生物採集民にとって、この程度の移動はよくあることで、食料事情が最悪になった海岸から、「海の向こうにはもっとたくさん餌（食料）がとれるいい土地があるかもしれない」と豊かな食料を求めての単なる旅立ちにすぎなかったでしょう。

西アジア地域でN系統とR系統が誕生

この出アフリカ・グループは、図六のように、バベル・マンデブ海峡を越えて対岸の現在のイエメンに上陸しました。たぶん海岸に沿って短距離移動してその場所にとどまり、その周辺で食料を手に入れたでしょう。アラビア半島の昼間は五〇度もある乾燥地ですが、現在のアラビア半島の海岸の海底からは湧き水があるので、当時の海岸にも泉が湧き出していたのでしょう。それらをたどりながら、海岸の貝などの海産物を食べながら生活したのでしょう。

それから何年も経ち、子供たちが増えて集団の規模が大きくなると、周辺はだんだんと人で埋まっていったでしょう。大集団ではよく起こる内輪もめを避けようと、集団は分裂したでしょう。分裂後、ある集団はその先の新しい土地へ移動していったでしょう。次には、また、その先へと……。アラビア半島の海岸線沿いは狭いので、たとえば一〇〇年経つうちに狩猟採集民社会は遠くにまで広がることになったでしょう。

出アフリカをした人々はL3の系統でしたが、ミトコンドリアDNAとY染色体の系統樹がアフリカの外ではじめて多様化しているのは、N系統とM系統で、N系統が生まれたのは、アラビア湾だったと思われます（図六参照）。当時のアラビア湾は、海水面が下がってチグリス、ユーフラテス川からなるオアシスであり、彼らはここに長らく住みついて増大し多方面に分散していったと考えられています。

N系統はユーラシア、オーストラリア、アメリカと、世界中の非アフリカ人のなかに見つかるということは、ここで、N系統は東（アジア・オーストラリア）のグループと西（中東・ヨーロッパ）と北（ユーラシア・アメリカ）のグループに分かれたことを意味しています。

つまり、N系統は六万年前にR系統をもうけましたが、五万年前、アラビア湾からシリアへの移動が可能となったとき、N系統とR系統は、図六のように、アラビア湾からレバント地方（現在のシリア地方）へ進んでいき、ヨーロッパへ向かいました（図六のヨーロッパ・ルート）。また、東（図六の海岸沿いに行った南ルート）に向かったR系統はトバ火山噴火後の西インドに入っていきました。北に向かったR系統はインダス川河口あたりから内陸の広大なユーラシア大陸に入っていきました（図六の北ルート）。

南ルートを行ったホモ・サピエンス

出アフリカをして先頭部を行った人々はアラビア半島の海岸線に沿ってどんどん先を進みインドに達し、ここでM系統が分岐し増大しました。このインドで誕生したM系統の一部は、そこにとどまることなく先頭集団となって、海岸採集コースに沿って、かなり速くインド洋沿岸をまわっていって、トバ火山の噴火の前に東南アジアまでに入っていきました（マレー半島でホモ・サピエンスが作ったと思われる道具が、トバ火山の灰とともに発見されたので、トバ噴火の前に東南アジアに到着していたと考えられています）。このトバ火山の噴火とは、スマトラ島のトバ火山が七万四〇〇〇年前に大噴火を起こしたもので、ここ二〇〇万年間で世界最大規模のものと言われています。最大幅一〇〇キロメートルという途方もなく大きいクレーターが残され、現在そこは巨大な湖、トバ湖となっています。

このトバ火山が噴き上げた灰は風に運ばれて北西へ吹きつけられ、インド亜大陸全体をおおいました。風で運ばれた火山灰がマレーシアでは九メートル、インドでは六メートル、パキスタンでは二メートルの厚さの凝灰岩となっていることが判明しています。インド亜大陸に当時住みついたホモ・サピエンスに壊滅的な被害を与え、大量絶滅があったはずです。

ホモ・サピエンスは、トバ事変の気候変動によって総人口が一万人までに激減したと言われています。かろうじて生き残ったホモ・サピエンスも人口減少によってボトルネック効果が生じ、その遺伝的多様性は失われたと考えられています。

そこでインドの東の方からＭ系統、西の方からＲ系統によってインドは再植民され、人口は回復されたのではないかと考えられています。インドにおけるＭ系統の多くの子孫たちのうち、もっとも古いＭ２系統の年代は七万三〇〇〇年前と推定されていて、これは七万四〇〇〇年前のトバ火山噴火による絶滅後の人口回復を反映していると言われています。

また、Ｎ系統は西アジアのアラビア湾でＲ系統を生みましたが、そのＲ系統がトバ火山噴火後の人口空白を埋めるように、西の方からインドに再進出して人口の回復に貢献したようです。

この急拡大はやはり七万三〇〇〇年前頃でした。

トバ火山噴火の前に東南アジアに入った南ルートのホモ・サピエンスについて続けます。当時の東南アジアは、氷河期で海水面が現在よりも一〇〇メートルも低くなっていましたので、マレー半島、スンダ列島、ボルネオ島、ジャワ島などが陸続きになってスンダランドになっていました。出アフリカのホモ・サピエンスにとって、アフリカに似たスンダランドの恵まれた環境に住み、人口が増大しました。

旧石器時代には一人当たりの食料を確保するためには、一平方キロメートルにおよぶ領域が必要でしたので、広大なスンダランドでも、養える人口は意外に少なく、過剰な人口を調節するために一部の人たちが移動することになりました。その流れが図六のように、北の東アジアと南のオセアニアに延びていったと考えられます。ここでは日本へのルートを述べていますので、オセアニアへ向かったホモ・サピエンスは省略します。東アジアへ向かったものは南中国の広西チワン族自治区柳江《りゅうこう》のある小さな洞窟で六万八〇〇〇年前のホモ・サピエンスの骨が発見されています（図六参照）。これは七万四〇〇〇年前のトバ火山噴火の前に東南アジアに達し、南中国へ入っていたことを裏づけています。

その後、中国ではホモ・サピエンスの進出と考えられているものが、五万年前をすぎた後期旧石器時代になりますと、山頂洞人（北京市西南）、資陽人（四川省資陽）が知られています。いずれも石器を使用して狩猟を行っていました。このようにホモ・サピエンスの文化遺物は中国各地で発見されており、この時期に中国各地に広範にホモ・サピエンスが住み着いていったことを示しています。

南ルートのホモ・サピエンスについてはとりあえず、ここまでにして、次に北ルートを行ったホモ・サピエンスについて述べます。

北ルートを行ったホモ・サピエンス

今まで図六において、南アジア↓東南アジア（↓オセアニア）↓東アジアへと海岸沿岸部を進んでいったホモ・サピエンスの南ルートだけをたどって来ましたが、ホモ・サピエンスは海岸沿岸部だけでなく、当然、途中から内陸部へも進出し、南アジア↓（ヒマラヤの北を通って）↓中央アジア（ここで二つに分れて↓ヨーロッパへ）↓シベリア↓北方アジア・東アジア（↓アメリカ）と進んでいったと思われます（これを北ルートと言います）。

最初に内陸へ分枝したホモ・サピエンスは、インドとパキスタンからインダス川に沿ってヒマラヤ山脈の西にあるカイバル峠を越えて、北へ移動してロシア・アルタイ地方に居住し、中央アジアのステップに後期旧石器文化の狩猟民となって現れました。

このように早くから中央アジア・シベリアにホモ・サピエンスが住み着いたということは、この地域はきわめて過酷な環境（ウルム期の氷期でした）ではありましたが、中央アジア・シベリアがマンモスなどの大型動物が豊富であったためでしょう。チベット高原の北の地域は広大な草深いステップで、マンモス・ステップと言われます。

このマンモス・ステップは、西はヨーロッパ大西洋岸から、東は北海道まで広がっていて、これまでで世界最大の草原で、ほとんど限りない数の大型草食動物を養っていました。これらの豊富な動物を追って、ホモ・サピエンスも内陸の広大なユーラシア大陸に進んで、二つに分かれてヨーロッパと中央アジアへと進んで行ったと考えられています。その延長上にアメリカへ渡っていったのもこの系統と見られています（この北ルートは豊富な動物を追って、ホモ・サピエンスは速く東西に拡散したと思われます。氷河期で海面が下がり北海道も大陸につながっていました。マンモス・ステップに出たホモ・サピエンスは東へ大型草食動物を追っているうちに北海道まで一気に至ってしまったことはありうることです）。

ロシアのカラ・ボム遺跡

最古の考古学証拠は、ヒマラヤ山脈のはるか北、ロシアのアルタイ山脈のカラ・ボムで発見されました（図六参照）。カラ・ボムは野外の遺跡で、ウルサル川の支流に程近い絶壁の下にあり、一九八〇年代から一九九〇年代初頭にかけて発掘されました。

五メートルの深さまで掘っていくうちに、三つの層から人類の痕跡が出てきました。いちばん深い層からは、尖頭器、削器《さくき》（サイドスクレイパー）、ナイフなどの完成品で、それらはネアンデルタール人の石器でした（ユタ大学の考古学者テッド・ゲーベルは、ネアンデルタール人が南シベリアに暮らしていたのは、二〇万年前から一〇万年前までとしています）。

一つ上の層には、ホモ・サピエンスの明らかな痕跡が残されていました。後期旧石器時代初期の石器、つまり石刃を作った後に残るプリズム型石核や、片面または両面が加工された多くの石刃、それに掻器《そうき》（エンドスクレイパー）や削器、刻器《ビュラン》（彫刻刀）が出てきました。

その上の層からは、細石刃《さいせきじん》（マイクロブレード）を含む、後期旧石器時代末期の石器が見つかりました。考古学者たちは、後期旧石器時代初期の層の年代を測定し、四万二〇〇〇年前という結果が出ました。

カラ・ボムからは動物の骨も多く出土しており、それを見れば、その一帯にいかに多くの動物がいたかがわかります。ウマ、ケブカサイ（有毛のサイ）、バイソン、ヤク、アンテロープ、ヒツジ、ホラアナハイエナ、タイリクオオカミ、マーモット、ノウサギ等々、旧石器時代のホモ・サピエンスたちにとっては、まさに狩楽園だったでしょう。

それらのアルタイの石器の技術は、すぐに東の、バイカル湖西岸にある三万九〇〇〇年前のマカロヴァ遺跡へ、三万年から三万五〇〇〇年前までにバイカル湖東、そしてずっと北のエニセイ川付近にも現れました。また中央アジアではアフガニスタンの三万二〇〇〇年前のカラ・カマール遺跡、タジキスタン、ウズベキスタンの後期旧石器時代の遺跡が発見されています。

そしてロシアのバイカル湖周辺から南にモンゴル領内に入るとトルボールなど複数の旧石器遺跡があります。ここでも南シベリアと同じ石刃技法を用いる後期旧石器文化がはじまっていました。これらモンゴルの後期旧石器文化の開始年代は定かではありませんが、少なくとも四万一〇〇〇年前、もしかすると四万五〇〇〇年前頃までさかのぼる可能性があります。

さらに南の中国に入ると、古い石刃技法が見られる水洞溝遺跡が、黄河の上～中流域に広がる黄土《こうど》高原の寧夏《ねいか》回族《かいぞく》自治区にあります。厚く積もった黄土の中から石器やダチョウの卵殻製ビーズなどが見つかっており、人骨は未発見ですが、ホモ・サピエンスの遺跡と考えられています。水洞溝の文化がはじまるのは、中国の研究グループによれば、三万八〇〇〇年前頃の可能性があります。中国ではその後、石刃を作る旧石器文化が北部を中心に広がったようです。

石刃技法は朝鮮半島にも出現しましたが、その開始年代は韓国からの研究報告によれば、おおよそ四万～三万五〇〇〇年前のことでした。そして韓国の研究者の多くは、この石刃技法の出現を、朝鮮半島における後期旧石器文化のはじまりとみなしています（前述しましたように、日本でも四万年前頃の野尻湖遺跡で石刃技法の石器が発見されていますが、これが大陸、朝鮮半島とどうかかわるのか、まだ、わかっていません）。

最北のヤナＲＨＳ遺跡

さて、ヨーロッパ・ロシア平原からシベリア地域にかけての高緯度地域においては、二〇〇あまりの後期旧石器時代の住居跡が発見されていますが、その中で、最も北に位置するのは、二〇〇二年に発掘されたヤナＲＨＳ遺跡です（図六参照）。ヤナ川が北極海と出合う河口から遠くない北緯七〇度の北極圏内にあります。流域はロシアのいわゆる「寒極」で、北半球の最低気温が観測された地であります。ヤナＲＨＳ遺跡の年代測定値は三万三〇〇〇年前で、これほど古い時期からシベリアの最も奥まで到達していたのです。

二〇〇二年からの発掘によりますと、大量の動物の骨も出土し、大半はトナカイの骨でしたが、マンモスやウマ、バイソン、ウサギ、トリの骨もありました。骨・角・象牙で作られた道具としては、狩猟具としての槍先や生活具としての錐《きり》などのほか、糸を通す小さな穴が開けられた縫い針が二六点と、縫い針を収納するのに使ったと思われる骨のケースまでも見つかりました。アクセサリー類も豊富で、動物の歯、象牙、石から作られたビーズは六〇〇〇点以上見つかっています。その他、ペンダントや、髪飾りのように使われた可能性のある小さな象牙製品、骨製の動物像、赤い顔料など多様な発見がありました。なかなか豊かで文化的な暮らしがあったようです。

アフリカを出たばかりの初期ホモ・サピエンス（出アフリカから四～五万年は経っていまし

たが）は、現在のアフリカ人と同じように細身で脚長の体形で、寒い地域では物理的に体熱を奪われたはずです。ということは、ホモ・サピエンスは、身体的な進化よりも技術の力で（遺伝子変化ではなく、文化力、新社会システムで）寒冷地を克服したとしか考えられません。

ホモ・サピエンスは、酷寒地で生きることも野生動物から学んだようです。アフリカ出身の身でマイナス七〇度にもなる地で生きるには動物と同じように毛皮で身をくるむ必要がありました。四万年前の洞窟から骨でできた針が見つかりました。糸もトナカイの足の靭帯《じんたい》から作っていました。

ロシアのマリタ遺跡

シベリアのイルクーツク市（冬には零下六〇度、夏には四〇度にもなります）の郊外に位置する二万三〇〇〇年前のマリタ遺跡（図六参照）から出土した象牙製女性像（ビーナス像）の中には、全身を包む防寒具を着用した姿を描いたものが含まれていました。これらのビーナス像が表現している衣服は、極北民族に見られるアノラックなどのフード付防寒具ときわめて類似しており、アノラック型の防寒具が旧石器時代にすでに発明されていたことがわかりました。

また、マリタ遺跡からは多くの骨で作られた大小の針が出土しており、生活のさまざまな場面で「縫う」ことが重要な役割を果たしていたことがわかりました。トナカイの毛皮のテントもフード付防寒具もそのような骨製の針によって縫い合わされたのでしょう。多くの華奢な骨製の針の存在から、シベリアにおける旧石器時代人は織物技術を持っていた可能性が指摘されています。

石器製作については、「石刃技法」で、掻器や彫器《ちょうき》などのいろいろな道具を作っていました。掻器は、基本的に皮なめし（動物の毛皮から脂肪分をこそぎ取る）の専用具でした。彫器は彫刻刀と言ってもよく、骨や角に刻みを入れて分割し、骨角器を作るのに多用された石器でした。シベリアの遺跡からは、実際に骨・角・象牙製品が多数見つかっています。それらは多様で、槍先とその柄の部分、削る道具、ナイフ、穴あけ具、前述の縫い針、投槍器までありました。

マリタ遺跡の住人は、これらの道具を使って衣食住の多くのものを作り出していました（一家族平均五～七人、マリタ集落の住人は四〇～六〇人と推定されています）。マリタ遺跡の住居址は一般的には、深さ五〇～七〇センチメートルに床面を掘り込まれた竪穴式・半地下式の構造でした。

円形の床面に、木製の柱を円錐状に組み合わせて骨格とし、トナカイなどの毛皮でおおったようです。床の中央部に炉を置き、床の周囲に大きな板石を取り囲むようにめぐらせて屋根の部分にトナカイの角などをかけて屋根を補強していました。シベリアの厳しい寒さを配慮した防寒用の構造になっていたことがよくわかります（現在のシベリア狩猟民の円錐型のテントに似ています。日本の縄文時代人の住居も竪穴式住居でした。北ルートのホモ・サピエンスが持ち込んだのでしょう）。

その他にも酷寒の地で生活することは人類に多くの新たな生活技術の獲得があってはじめてなし得たものでした。長く暗い冬を乗り切るための明かり、石炭や骨を燃料とした痕跡も見つかっています。

しかし、それもこれも、豊かな衣食住を実現するためには、それを支える高度な産業技術があってのこと、豊かな動物資源があってのことで、生活資源の大量捕獲は、道具素材の軽量・小型化と尖頭器の普及、即ち石器の効率的生産と狩猟用具の改良・発展に導かれたものでした。

シベリアでの最大の発明は、マリタ遺跡でも出てきた細石刃石器でしょう（細石刃石器の発明をシベリア人とすることには異論があるかもしれません。ヨーロッパでも出アフリカ前のアフリカにおいても細石器はすでにありました。出アフリカの時に携帯して、模倣・伝播だったかもしれません）。すなわち、長さ二〜五センチメートル、幅一センチメートルほどのカミソリの刃のような細石刃を、骨や角でできた植刃器の溝に埋め込み、鋭い槍（尖頭器）やナイフとする「組み合わせ道具」を発明していました。

とりわけ「植刃尖頭器」の発明は、技術改良の究極にありました。小さなパーツ（細石刃）から大きな道具を作るという画期的な発想が結実し、またたくまに普及したことが、極地への進出に大きく貢献したことは疑いありません。別の視点から見ると、後期旧石器時代になって、石器の小型化が、石材の入手・運搬を容易にし、極地への拡散を加速させる役割を果たしたと考えられます（これでもわかるように、もうこの頃から人類は環境問題や食糧問題のような苦難を技術突破〈ブレークスルー〉によって切り開いていったのです）。

　このように細石刃石器群は、（「創造と摸倣・伝播の法則」の通り）次第に北方・東方へと伝播し、シベリアのみならず、モンゴル、中国東北部、朝鮮半島、日本列島、そして北米にまで伝播していきます（ということは彼らが移動して行ったということでしょう。小型化技術は移動にきわめて有効でした）。

　以上、北ルートから中央アジア、シベリアや北アジア、東アジアに進出したホモ・サピエンスについて述べましたが、彼らの一部はそこにとどまらず、東へ行った者たちはやがて、日本、将来アメリカへ到達し、一方、西に行った者たちは北ヨーロッパと西ヨーロッパに入り、グラヴェット文化（三万年〜二万一〇〇〇年前）の担い手となりました。

《三》日本列島に最初に到達したホモ・サピエンス

ホモ・サピエンスが日本列島に到達することが想定される五〜四万年前には、地球はウルム氷河期の氷期であり、海面は、現在より八〇メートル低く、少し陸域が広がっていました。アジア大陸では九八ページの図六のように黄海がほぼ消失し、中国東部の海岸線が一〇〇〜四〇〇キロメートルも沖に張り出していて、台湾は大陸の一部になっていました。

日本列島は大きく三つに分かれていました。北海道はサハリンを介してロシアのアムール川河口域まで陸続きであり、アジア大陸から南北に延びる半島の先端となっていました。津軽海峡の最深部は一三三メートルありますので、ここは海が残っていましたが、海峡はわずかな距離になっていました。

日本列島では瀬戸内海が存在せず、本州・四国・九州がつながって一体となった古本州島を形成していました。朝鮮海峡の最深部は一二〇メートルですので、ここも海は残っていましたが、古本州島と朝鮮半島とは、現在より狭い海峡で分け隔てられていました。琉球列島の島々も少し拡大し、石垣―西表、沖縄―慶良間《けらま》など合体していました。

このようなことで、当時の日本列島には、今では絶滅したナウマンゾウ、オオツノジカ、ヘラジカ、ステップバイソンなども大陸北方から渡ってきていました。植生においては落葉広葉樹が減って、針葉樹が列島のかなりの範囲をおおっていました。

四万年前頃には東アジアに達していたと思われるホモ・サピエンスが、大型の動物を狩りながらアジア大陸から日本列島に入り込んでもおかしくない状況になっていました。

遺伝子分析からみた日本列島到来のホモ・サピエンス

まず、現在の分子人類学の成果でどのようなことがわかっているかを述べてみます（以下、分子人類学者の崎谷満著作の『新日本人の起源―神話からDNA科学へ』（二〇〇九年刊）を利用させていただきました）。アフリカを出たホモ・サピエンスは、図六に示しましたように、

○南ルート：アフリカ→西アジア→インド→東南アジア→中国・朝鮮半島、又は海上ルート→日本

○北ルート：アフリカ→西アジア→中央アジア→シベリア・華北→中国・朝鮮半島、又は半島化したサハリン・北海道→日本

○西ルート：アフリカ→西アジア・中東→ヨーロッパ、又は西アジア→中央アジア→ヨーロッパ

○オセアニア・ルート：アフリカ→西アジア→インド→東南アジア→オセアニア

それぞれのルートを移動したホモ・サピエンス集団は、現在それぞれの地域に古い先住系ハプログループを残していますので、それをもとに推定できます。

従来、南ルート系集団は、インド→東南アジアからオセアニア、オーストラリアへ移動しただけでなく、東南アジアから北上して中国北部まで達したと考えられていましたが、最新の遺伝子分析では、東南アジアからフィリピンぐらいまで北上しただけだとわかりました（明らか

に南方系のヒトも南の海から日本列島に来ているようですが、それは時代が下がってからだったようです）。むしろ、次に述べるように北ルート系集団が南下して来たことがわかりました。

北ルート系集団は、移動範囲が広く、シベリア、東アジア、アメリカ大陸という地域にとどまらず、最新の研究では、南ルート系集団・西ルート系集団がすでに展開していた地域にまで、広く移動していました。

また、ミトコンドリアＤＮＡでは、オセアニアからの逆流そのものがほとんど観察されませんでした。島嶼部インドネシアのミトコンドリアＤＮＡの中のオセアニア系の比率は五・九％、ベトナムでは〇％、フィリピン、台湾先住民でも〇％です。つまりスンダランドからの北上以前に、周辺地域への波及も少なかったことがわかりました。

このように、南ルート系集団（インドおよび東南アジアの先住系集団）の北上はほとんど皆無です（南ルート系集団の日本列島への流入は無視できるものです）。つまり、北ルート系集団の移動地域は広大であり、内部の多様性が非常に大きいものとなりました。

また、西ルート系集団の多様性は小さく、またその移動地域は限られていました。

なお、前述の北ルート系集団が華北・シベリア南部を経て、シベリア中央部・西部さらにヨーロッパ北部に移動して行きました。このため、ヨーロッパは西ルート系以外の集団も到達してその多様性を若干豊かにしました。

さてそこで、北ルート系集団がどうなったかですが、主として日本に至ったルートに関して述べます。

北ルート系集団は、出アフリカ後、中央アジアを経て、シベリア南部（Ｙ染色体ハプログループＣ３、Ｄ、Ｑ、ＲＩａ）あるいは華北（Ｙ染色体ハプログループＮ、Ｏ）に達し、そこからさらにシベリア極北部を目指した者があり、その一部は後にアメリカ大陸に至ったようです。

しかし、北ルート系集団の大部分はシベリア南部・華北から南下して前述しましたように、華南・東南アジアへ、さらにオセアニアへ達しました。その途中で北ルート系集団は、シベリア南部・華北から朝鮮半島を経て日本列島へ達しました（Ｙ染色体ハプログループＣ１、Ｄ２〈これから日本でＤ１ｂが誕生〉、Ｎ、Ｏ、ミトコンドリアＤＮＡハプログループＡ、Ｂ、Ｄ、Ｇ、Ｆ、Ｍ７、Ｎ９）。

また、北ルート系集団のうち、極東・アムール川流域を経てベーリング地域を目指しアメリカ大陸へ達した者もありましたが、極東・アムール川流域からサハリン経由あるいは中国・朝鮮半島経由で日本列島へ達した者（Ｙ染色体ハプログループＣ３、Ｑ、ミトコンドリアＤＮＡハプログループＮ９、Ｍ７）もいました。

崎谷満氏は、北ルートの指標として、石刃技法について述べています。シベリア南部および東アジア北部におけるホモ・サピエンスの出現は、後期旧石器時代の石刃技法の出現によって示されます。石刃技法は、一つの石刃核から殴打によって定型的な石刃を量産する技法であり、すでに出アフリカ以前にホモ・サピエンスによって開発されていたことは述べました。それによるナイフ型石器・三日月型石器などは出アフリカ後のホモ・サピエンスの移動に携帯されて、北ルートを経て中央アジア→シベリア南部→華北→九州（日本列島）へと伝播しました。

つまり後期旧石器時代の代表的文化である石刃技法は、南ルートではなく、北ルート経由でホモ・サピエンスとともに日本列島に達しました（後述するように日本列島の最初期の遺跡からも石刃技法の石器が出土しています）。シベリア南部での石刃技法の出現が四万五〇〇〇年前、その後、華北での出現を経て、朝鮮半島、（当時狭まっていた対馬海峡を経て）九州へ広がって行きましたが、九州・日本列島では三万六〇〇〇年前と推定されています。その担い手の中にＹ染色体ハプログループＤ２があり、これから日本でＤ１ｂが誕生したと述べました。

現在、図七のように、このハプログループＤは、日本列島・南西諸島やアンダマン諸島、チベット高原で高頻度に観察される他は、アジア、アフリカのきわめて限られた地域で散発的にしか見つかっていません。チベットではD1a1-Z27276、日本ではD1a2a-M55、アンダマン諸島ではD1a2b-Y34637が高頻度です。これらのハプログループは、同じハプログループＤに属していても、サブグループが異なるため、分岐してから五万三〇〇〇年以上の年月が経っていて、非常に孤立的な系統となっているとのことです。

Ｄ系統は東アジアにおける最古層のタイプと想定できますが、一つの説として現在の日本や中国、朝鮮、東南アジアにおいて多数派的なハプログループＯ系統が広く流入したため、島国日本や山岳チベットにのみＤ系統が残ったと考えられています。

ハプログループＤのうち、東進して日本列島に至り誕生したのがハプログループＤ１ｂであり、アルタイ―チベット付近にとどまったグループから誕生した系統がチベット人に高頻度のハプログループＤ１ａです。東アジアの他地域ではＤ１ｂの姉妹型Ｄ１ａがチベット人の最大四九％、ヤオ族（中国湖南省

図七　孤立しているハプログループD

から雲南省、東南アジア北部の主に山地に広く住む中国の少数民族）の三〇％に観察されます（以前から日本人はチベット人によく似ていると言われていました）。

前述の崎谷満氏はハプログループＤが華北を経由し九州北部に到達し、日本列島でＤ１ｂが誕生したとしています（遺伝子時計では年代はかなり前後します）。Ｄ１ｂは日本列島に初めて到達したホモ・サピエンスのタイプと考えられており、日本で誕生してから三万七〇〇〇年～三万八〇〇〇年ほど経過していると考えられています。Ｄ１ｂは、日本人の約三二％～三九％にみられ、沖縄の五五・六％、アイヌの八七・五％もこれに属します。沖縄や奄美大島や日本全土で大多数を占めます。

さらに北ルートを経て東アジアに達したホモ・サピエンス系集団のうち、南下しないで東進して極東・アムール川流域へ達した者もいました。そして最終氷期最盛期（二万二〇〇〇年～一万八〇〇〇年前）の直前頃にバイカル地域で新たに生まれた細石刃技法は、すぐにこの極東・アムール川流域へ伝播してきました。

このシベリア系細石刃文化は日本列島へは二つのルートで流入しました（Ｙ染色体ハプログループＣ３、Ｑ、ミトコンドリアＤＮＡハプログループＮ９、Ｍ７）。一つ目はサハリンを経て北海道まで至るルートで、当時地続きであった関係で北海道は非常に早期の二万年前に細石刃文化が出現しました。二つ目は中国東北部・朝鮮半島を経て九州へ至るルートで、西九州・

長崎ではこのシベリア系細石刃文化が遠隔地であるにもかかわらず確認されています。

シベリア系細石刃文化を担ったホモ・サピエンス集団は、Ｙ染色体ハプログループＣ３が想定されています。ミトコンドリアＤＮＡについてははっきりしたことは不明ですが、極東・アムール川流域についてはＮ９ｂ、Ｍ７ａなどが想定されています。今でも極東・アムール流域ではＮ９ｂおよびＭ７ａが特異的に高頻度で確認されており、また北海道古代人において圧倒的高頻度のＮ９ｂおよび低い頻度ながらＭ７ａが確認されています。

なお現在でも九州北部ではＮ９ｂ、Ｍ７ａは確認されています。さらに九州北部を経て北琉球においてもＮ９ｂ、Ｍ７ａは確認されます。このように極東・アムール川流域からのホモ・サピエンス集団の流れが、遠く北琉球にまで及んだことが確認できます。この北琉球のＮ９ｂ、Ｍ７ａは、アイヌ民族の直接の南下によるものでなく、極東・アムール川流域から別ルートで九州を経た集団であるため、アイヌ民族と琉球民族との直接の関連性はなかったと推定されています。

また、考古学的に北海道と西九州には細石刃文化が確認されますが、北琉球には確認されていません。関連するＹ染色体ハプログループＣ３も北琉球では確認されていません（従来あった二重構造モデルによるアイヌ・琉球同祖論は遺伝子分析からは否定されることになりました）。

以上のように、日本列島へ流入して来たホモ・サピエンス集団は、すべて北ルート系集団でした。南ルート系集団、西ルート系集団とも日本列島には見られません。これは日本列島がシベリア・東アジアと共通の多くの文化を共有していることを示すものです。このように、ミトコンドリアＤＮＡハプログループおよびＹ染色体ハプログループのいずれにおいても、この日本列島には非常に遠隔なホモ・サピエンス集団が何十にも及ぶきわめて高い多様性を維持したまま今日に至っていることがわかります（極東の島国ですから多様な遺伝子の溜り場になったようです）。

　このことは、ずっと時代は下がりますが、最近発見された小竹貝塚の人骨遺伝子分析からもわかります。二〇一五年、北陸新幹線の工事中に、富山県のほぼ中央に位置する呉《くれ》羽《は》丘陵から小竹貝塚が発見され、縄文時代前期後葉（約六〇〇〇年前）を中心に五〇〇〇年間営まれていたことがわかりました。貝塚は大半を汽水産のヤマトシジミで占められ、現地表下二メートル、貝層の厚さは二メートルで広がっていました。貝殻の廃棄域には墓域も含まれ、ここから縄文時代前期としては全国最多となる九一体の埋葬人骨が出土しました。貝（アルカリ性）によって人骨が守られ、保存状態がよかったので一三体のＤＮＡ分析ができ、五タイプのミトコンドリアＤＮＡが発見されました。

　Ａ：北アジア（バイカル湖周辺）で誕生。

Ｇ：現在のロシア・シベリア周辺で誕生。

Ｍ９：ミャンマーあたり、南方で誕生し、日本とチベットの二手に分かれる。

Ｍ７ａ：沖縄、現在の沖縄のおよそ四人に一人。

Ｎ９ｂ：沿海州、満州、富山の小竹貝塚で一番多く出ました。

今まで縄文人は比較的狭い地域から来たと考えられていましたが、小竹貝塚の新発見で、世界各地から寄せ集まった〝多様な祖先〟というのが日本人であるというイメージが強くなりました（この事実は大きいことです。今まで日本人は島国で世界でも稀有なほど単一純粋な日本民族と認識し、それを強調し、行動してきましたが、もとがわかってみれば〈事実がわかってみれば〉、現在のアメリカ合衆国と同じように種々雑多な民族の集合体である、それも時間がたてば、同一民族のようになれるということです。逆に言うと、現在、多民族国家において、少数民族を無理して同化しようとしていますが〈たとえば習近平中国〉、いずれ時間がたてば自然に統合されるということを意味しています。また、日本は移民・難民を拒否して、世界一純粋民族のような国策をとっていますが、グローバル時代に意味のある政策とは思えません。結局、人類は、混血した同一民族〝人類〟になるのです）。

ホモ・サピエンスの人骨化石

ホモ・サピエンスの到来を人骨化石で確認するのが、一番いいのですが、火山灰に覆われた北海道～九州の古本州島は、酸性土壌のため、化石が残りにくく、人骨化石がほとんどありません。それに対して琉球列島では、サンゴ礁を起源とする石灰岩が発達しており、そのアルカリ分で化石骨が保存されるので、人骨化石が発掘されています。

もっとも古いもので、沖縄県那覇市山下町の第一洞穴遺跡で発見された山下洞人ですが、八歳程度の幼児（女子）のものと見られ、三万二〇〇〇年前（較正年代では三万六〇〇〇年前）のものとされています。

沖縄県八重瀬町港川採石場で発見された港川人は、四体分（成人男性一体、成人女性三体）の保存のよい人骨でしたが、その年代はおよそ二万年前のものであることがわかりました。港川人の身長は男性で一五五センチメートル、女性で一四五～一五〇センチメートル程度で、眼《がん》窩上《かじょう》や眉間の隆起が発達したやや原始的で頑丈な頭と顔、上半身が華奢でとくに肩幅が極端に狭い体形をしていました。頭骨の形をアジア東部から知られるいくつかのホモ・サピエンス化石と比較すると、港川人は中国北部の山頂洞人よりも、ジャワ島のワジャク人などとよく似ています。こうした理由で、港川人の祖先は東南アジアあたりからやってきたと一般に考えられています（遺伝子分析はできていません）。

白保《しらほ》竿根《さおね》田原《だばる》洞穴《どうけつ》遺跡《いせき》は、沖縄県石垣市東部の白保から盛山にかけて分布する洞穴内にある遺跡で、発見された人骨は少なくとも一九体分以上であり、人骨のうちの一体（四号人骨）は約二万七〇〇〇年前（較正した年代）のもので、全身骨格がほぼ残った人骨としては国内最古であると発表されています。

前述しました崎谷満氏は『新日本人の起源』の中で、「南琉球の先史時代は台湾（オーストロネシア系文化）からの影響力が大きかったようで、それは現在の南琉球・先島諸島に色濃く残っていることから想定されます。南琉球の先史時代のホモ・サピエンス集団や言語についても、オーストロネシア系の影響が大きかったことが推定されるが、まだ実証されたわけでない」と述べています。

まだ、これからも人骨が発見されるかもしれませんが、今までの沖縄地方で発見された人骨の研究成果は、総じて彼らがアジア南ルートをたどった集団の子孫であった可能性を示しています。

最初に渡来したホモ・サピエンス

日本旧石器学会の集計によれば、全国には旧石器時代の遺跡が一万ヶ所以上ありますが、そのうち、三万年前より古い遺跡は、全国に四四二あります。このように全国に広がる旧石器遺跡の中で、一番古い年代値（四万年前）が出ているのは、長野県の野尻湖遺跡群です。

野尻湖遺跡群では、一九四八年に地元住民が偶然ナウマンゾウの臼歯を発見したことにより、一九六二年から湖底や湖畔での発掘調査がはじまりました。一九七三年の第五次発掘では、ナウマンゾウの切歯とオオツノジカの掌状《しょうじょう》角（手の指を開いたような角）をはじめ、ナイフ形石器、骨製基部加工剥片（ナイフ形骨器）などが発見され、ナウマンゾウと旧石器時代の人類が共存していたことがわかりました。

その後の調査でも、多くの小型の削片石器が主体のナイフ形石器、ナウマンゾウの象牙を加工したビーナスの骨器などが出土し、今から約四万年前の旧石器時代に、野尻湖の周辺には人が住んでおり、大・中・小型哺乳類の狩猟をしていたことが判明しました。

その次に古いのが武蔵野台地の立川ローム層第Ｘ層です。東京都と埼玉県にまたがる武蔵野台地の最上部の立川ローム層（約四万〜一万五〇〇〇年前）の最下層になる立川ローム第Ｘ層から日本列島最古級の遺跡が発掘されています。

第Ｘ層中部に包含される「第Ⅰａ亜文化期」（三万五〇〇〇年前）からは、不定形剥片と礫《れっ》器《き》を持ち、錐状石器、ナイフ状石器を特徴とし、遺跡数は少なく単独ユニットを示す小規模集落が形成されていました。第Ｘ層上部に発見される「第Ⅰｂ亜文化期」（約三万〜三万二〇〇〇年前）からは、石刃技術のナイフ形石器、スクレイパー、磨製石斧を特徴とし、遺跡の数も増大し集落規模は「環状ユニット」と呼ばれる大規模例が出現しました。

その次に、熊本市平山町で発見された石の本遺跡では、第二の層（三万年前より古い）からは、小型のナイフ形石器や敲石《たたきいし》・剥片・砕片など約二〇〇〇点が出土し、さらにその下の第三層からは、局部磨製石斧・台形様石器といった道具や敲石・剥片など約五〇〇点の石器が出土しました。このように石器を作った所・火を焚いた所が同時に見つかり、そうした生活の跡が同じ所で何度も営まれていたことなどがわかりました。

当時、津軽海峡で隔てられていた北海道で最も古い遺跡は、帯広市・若葉の森遺跡ですが、恵庭《えにわ》a火山灰（約二万年前降下）の下層から九七〇〇点ほどの黒曜石製の石器やこれを作ったときの剥片などが出土しました。年代は三万二〇〇〇～二万八〇〇〇年前と測定されました。同じタイプの石器群は、遠軽町《えんがるちょう》白滝、石狩低地帯、渡島半島など道内各地に広がりを見せていました。

以上、こうした古い遺跡では人骨化石が見つかっていませんが、そこにはさまざまなホモ・サピエンスらしい行動の痕跡が読み取られ、確かに四万年～三万五〇〇〇年前頃に日本列島にホモ・サピエンスが渡来して生活していたことが確認されます。

第三章　ホモ・サピエンスの日本国土開発時代

《一》旧石器時代（四万年～一万六五〇〇年前）

旧石器時代前半（四万年～二万九〇〇〇年前）

渡来ホモ・サピエンス（旧石器時代人）は、主として狩猟採集によって食料を得ていました。当時の遺跡からは、ナウマンゾウなどの大型動物の骨、ニホンシカ、イノシシ、ノウサギなどの中・小動物の骨が発見されています。そして、大型動物を解体する作業場となるキル・サイトも発見されています。遺跡には、石器や剥片が集中する石器ブロック、焼けた川原石が集積した食物調理用の礫《れき》群、焚火《たきび》跡などが残されています。

旧石器時代前半の人びとは洞穴や岩陰を住みかとして利用していたことが知られていますが、竪穴住居跡を伴う遺跡がほとんど発見されていないのは、この旧石器時代前半は、ほぼ純粋の狩猟採集民だったようで、キャンプ生活をしながら移動を繰り返していたからだと推定されています。近年、多数の石器ブロックが直径数十メートルの環状に並び、中央部が石器の少ない空間地となる環状ブロック群と呼ぶ大きな遺跡の発見が相ついでおり、全国で二〇〇遺跡ほどの発見例があります。

とくに東日本のナイフ形石器文化前半期の大きな遺跡は、ほとんどが環状ブロック群を形づくっていました。これは中央に広場を持つムラで、人々が連携しながら共同生活を送っていたのでしょう。環状ブロック群は、遠くから人や物資、情報が集まり、物資などの交換が行われる中心でもあり、その交流範囲は、黒曜石石材の供給状況から一五〇～二〇〇キロメートルにまで及んだようです。

旧石器人は狩猟のために落とし穴などさまざまな工夫をこらしていました。落とし穴は径や深さが一・五メートルほどで、丘陵尾根筋の緩やかな下り坂を横断するように並んでいました。群れる性質があるシカ類を狙った仕かけだったのでしょう。植物質食料も食べたはずで、三万年前頃の磨石《すりいし》や台石《だいいし》があり、堅果類を潰《つぶ》したり、粉にしたりするのに使ったのでしょう。

石器の石材は、加工しやすくて、割れ口が鋭い刃になるものが選ばれ、黒曜石やサヌカイト（讃岐岩《さぬきいわ》）がその条件を満たした優れた石材でした。北海道では白滝の黒曜石、東北や北海道南部では青森・山形の珪質頁岩《けいしちけつがん》、関東・中部では長野県和田峠、箱根山、伊豆諸島の神津島《こうづしま》などで産出する黒曜石、近畿・中国・四国では瀬戸内火山帯で産出するサヌカイト、九州では長崎県腰岳産の黒曜石やサヌカイトなどが原産地付近を中心に使われていました。遠距離の交易、神津島のように海洋交易も行われていたことが示すように、石器の石材は貴重なものだったことがわかります。

旧石器時代前半初頭頃の石器は台形石器や局部磨製石器が代表的な石器であり、剥離技術は十分には発達していませんでした。前述しました立川ローム第X層中（約三万五〇〇〇〜三万二〇〇〇年前）から、刃部を研磨した磨製の台形（斧形）石器が発掘されました。台形石器と刃部磨製石斧などによる石器の構成は、東アジア大陸に例がなく、日本列島で独自に発展したものと考えられています。日本列島にはじめて渡来した旧石器人を考える上で、重要な遺跡であります。

少し遅れて縦に長い剥片を加工して尖らせた石槍と推測されるナイフ形石器が東日本を中心に見られ、大枠で西日本との違いが出始めました。神奈川県の相模野台地では、地下二〜一〇メートルにある立川ローム層に包含される石器群は大きく、ナイフ形石器文化（下層。三万五〇〇〇〜一万四〇〇〇年前）と細石刃文化（上層。一万四〇〇〇〜一万二〇〇〇年前）の二つの文化段階に分けられます。

このナイフ形石器の製作技法は、石刃技法でした。石刃技法とは、前述しましたように、北ルートのホモ・サピエンスが、ユーラシア大陸西部からアルタイ、シベリア経由で東アジアに広がった革新的技術の一つとみられ、日本列島には、少なくとも石刃技法を持ったホモ・サピエンスが、北から侵入してきて、東日本に縦長剥片剥離技術を普及させました。

旧石器時代前半後葉（〜二万九〇〇〇年前）になると石刃技法が確立して、石槍の発達が著しくなりました。この傾向もやはり東日本で顕著でした（崎谷満氏は、石刃技法を持った北ルート系集団は、シベリア南部・華北から朝鮮半島を経て日本列島へ達したことを示唆しています）。

他方、近畿地方から瀬戸内地方ではそうした石刃技法よりも横長剥片剥離技術が採用されることが多く、ナイフ形石器文化後半期になるとその発展型である瀬戸内技法を生み出すことになりました。

姶《あい》良《ら》大噴火

鹿児島湾と桜島を囲む巨大カルデラは一度に形成されたものではなく、一五〇万年前から活動が有り少なくとも北側の一部分は八〇万年以上前から存在していて、大崎カルデラ（北西部）、若尊カルデラ（北東部）、浮津崎カルデラ（南東部）など複数のカルデラが複合したものと考えられています。

姶良大噴火は、三万年前から二万九〇〇〇年前のある時期に起こりました。この大噴火で噴出した火山灰は、空中高く吹き上げられ、広くは東北地方や朝鮮半島にも分布しています。火山灰に覆われた面積は約四〇〇万平方キロメートル（約日本面積の一一倍）、火山灰の全体積は約一五〇立方キロメートルにもなりました。当初は丹沢山地に分布していることから丹沢軽石と名付けられ、その後一九七〇年代に姶良カルデラが起源であることがわかり、姶良丹沢

（ＡＴ）火山灰と呼ばれるようになりました。

姶良火山灰は、九州から関東地方まで、直径二〇〇〇キロメートルにおよぶ卵形の地域に分布していて、地層の年代決定における鍵層の一つになっています。この地層を境にして植物の種類が大きく変化しており、寒冷化の原因になったとも考えられています。

カルデラの形成当初（現在の鹿児島湾）は淡水で満たされていましたが、約一万年前の最終氷期以降の海面上昇とカルデラ南壁の崩壊により海水化したと考えられています。カルデラの中心は新島（燃島）付近で、地下一〇〇キロメートルのプレート境界で作られたマグマが上昇し、カルデラ中央部地下一〇キロメートルにマグマだまりを形成しています。

旧石器時代後半（二万九〇〇〇年～一万六五〇〇年前）

二万九〇〇〇年前を過ぎる頃から、地球規模で急激に寒冷化が進行し、二万五〇〇〇年前を前後する頃には日本でも最終氷期最寒冷期を迎えることになりました（ウルム氷河期の最終氷期最寒冷期は約二万年前）。

姶良火山灰（ＡＴ）は、九州から東北日本までの植生に大きな影響を与えました。ＡＴ火山灰が降下した頃から寒冷・乾燥化が進み、各地で針葉樹林や草原が優勢となりました。この環境変化に伴い、古本州島でナウマンゾウやオオツノジカが絶滅しました。

ナイフ形石器文化後半期以降、環状ブロック群は消え、大集団を形づくることはなくなり、小河川沿いに営まれた小規模な遺跡が多くなりました。二、三家族が狭い範囲内で移動を繰り返しながら、狩猟や採集によって食物を獲得する生活を送るようになりました。

この頃になると、竪穴住居が見つかっています。大阪府藤井寺市のはさみ山遺跡の住居はよく知られています。

一九八六年のはさみ山遺跡調査により、住居跡は、深さ約五〇センチメートルの半地下式（竪穴住居）で、そのくぼ地の周囲には一・〇〜一・七メートルの間隔をおいて直径一四〜二二センチメートルの柱穴があり、その外側には浅い溝がめぐらされていました。住居の範囲は、東西直径約六メートル、南北径五メートル、その形状は楕円形、柱は合計一三本であったと推定されています。なお、柱穴は円をなして並び、各柱穴がその円の中心に向かって斜めに掘られており、これに木を差し込むと上方でその中心に集まる角度になっていました。すなわち、東西約六メートルの円錐状の竪穴住居が復元できました。遺物としては、紀元前二万年頃のナイフ形石器、翼状剥片、石核等が出土しました。なお、住居跡とは沢をはさんだ東側から径二七〇センチメートル×一六〇センチメートルの楕円形状の土坑が見つかり、これは墓（土坑墓）ではないかと推定されています。

竪穴住居といえば縄文時代や弥生時代の住居形態と考えられていましたが、旧石器時代にまですかのぼることがわかりました（二万三〇〇〇年前のマリタ遺跡では毛皮と木を使った組立解体可能な竪穴住居を作っていたことを述べました。最終氷期に耐えられず、日本へ移住した北方系狩猟民が住居技術を持ち込んだことは十分にありうることです）。

衣服は見つかっていませんが、細い骨製の縫針と見られるものがあり、毛皮やサケの皮を縫ってアノラックや靴などの防寒具を作ったのでしょう。シベリアなどには、アノラック風の衣服や靴があったことは述べました。寒冷な気候に耐える気密性の高い衣服が必須だったはずです。

石器はＡＴ火山灰降下以降の旧石器時代後半になりますと、従来からのナイフ形石器が中心となり、定型的な縦長剥片石器を剥離する石刃技法や、特徴的な横長剥片を剥離する瀬戸内技法が発達して、規格的な石刃が量産されるようになりました。関東・中部の石刃は黒曜石、瀬戸内技法ではサヌカイトの利用がさかんであり、日本列島の東西で明確な地域色が生まれました。このようにナイフ形石器文化は、シベリアで出現した石刃石器群の影響を受けつつも、日本列島内で独自の発展をとげました。

やがて、東日本とくに関東・中部では、ナイフ形石器群が小型化し、木葉形に整形した長さ一〇センチメートル以下の尖頭器（槍先）が出現し、地域的な発展を見せました。この槍先形尖頭器文化は、一万八〇〇〇年前頃に登場し、一万五〇〇〇年前頃に、細石刃文化と交代して、姿を消していきました。

旧石器時代の最終段階に現れたのが、細石器（細石刃）を使った細石刃文化でした。これには二万年前以降、明確に北からの移住が示唆されます。約二万年前になりますと、シベリアで多く見つかっている長さ三センチメートル、幅八ミリメートルほどの細石刃と呼ばれる小さな石器が北海道で発見されるようになりました（崎谷満氏は、この細石刃を日本へ持ち込んだのは、北ルート系集団の第二のグループで、極東・アムール川流域からサハリン経由あるいは中国・朝鮮半島経由で日本列島へ達した者〈Ｙ染色体ハプログループＣ３、Ｑ、ミトコンドリアＤＮＡハプログループＮ９、Ｍ７〉であると示唆しています）。

そのルートとして、一つ目はサハリンを経て北海道まで至るルートで、当時地続きであった関係で北海道は非常に早期の二万年前に細石刃文化が出現しました。二つ目は中国東北部・朝鮮半島を経て九州へ至るルートで、西九州・長崎ではこのシベリア系細石刃文化が遠隔地であるにもかかわらず確認されています。

前述しましたように細石刃文化のもとは、ユーラシア大陸の中央部にあるアルタイ地方で四万年前頃に幅一センチメートル以下の石刃（細石刃）がすでに発生していました。これで、動物などに打撃を加えた際、細石器が折れた場合は、取り換えがききます。植刃器や尖頭器として用いられた一種の替《か》え刃式《ばしき》の石器で技術的にはきわめて高度なものでした。槍や銛《もり》の先端近くに刃として埋め込んで貫通性能を高め、槍全体を軽量化することによって投げ槍としての命中率を高める効果も期待されたと推測されます。

この細石刃文化は、シベリアのバイカル湖付近や中国東北部で発達したと考えられており、アラスカに至るまで瞬く間に広がり、世界各地の広い範囲から出土しています。シベリアのマリタ遺跡（二万三〇〇〇年前）においても発見されたことは述べました。したがって、これも国際的な技術であって、日本人の独創ではありません。二万年前頃に細石刃技術が北海道に導入された頃、北方系の土坑墓や赤色顔料、装身具、女神像などが寒冷気候期の精神文化として、ひとそろいでもたらされたのではないかと考えられています。ということは、沿海州方面から相当数のホモ・サピエンスが日本へやってきた可能性があります（ウルム最大の氷期からの避難であったでしょうか）。

細石刃文化は、北海道では約二万年前に現れたのに対し、本州でこの文化のもっとも古い年代は静岡県休場《やすみば》遺跡から知られ、一万四三〇〇年前でした。この細石刃文化期（二万年～一万二〇〇〇年前）の遺跡は、全国で五〇〇ヶ所を優に超えます。とくに遺跡密度が高いのは北海道と九州で、近畿地方では遺跡数が極端に少なくなっています。細石刃文化の終末は一万二〇〇〇年前でしたので本州では短期間でした。このように、北海道と本州で大きく時期が異なるのは、前者はシベリアから北海道を経由して本州へ、後者は中国黄河中・下流から九州を経由して本州へ及んだからでした。

この細石刃文化が九州から本州で終末を迎えた一万二〇〇〇年前には、すでに縄文時代の草創期に入っており、最古の土器の豆粒文《とうりゅうもん》土器や隆線文《りゅうせんもん》土器が登場しました。北海道では、細石刃文化は一万年前まで続きましたが、土器を伴うことはありませんでした。

以上、旧石器時代人の生活のようすは、出アフリカしたホモ・サピエンスが確かに日本に上陸して生活をしていたことを示す最古（最初）の姿で興味深いものです（物的に連続性が確認されます。もっとも、当時のことは物的なものしか残っていないのですが）。すでにアフリカを出るときに身につけていた技術、移動の途中で身につけた技術、日本へ来てから身につけた技術、それらを積み上げて日本列島で生活を成り立たせていることを知ることができます（氷河期の厳しい時期でしたからきわめて北ルート、北方色の強い文化が次の縄文時代の基調になったことがわかります。従来、最初の渡来日本人は南方系であり、日本人は海洋民族と南方系色が強調されていた時期がありましたが、実際は北方系であったということ、南方系というのは弥生時代以降の水田稲作伝来以降のことであったということでしょう）。

《二》縄文時代（一万六五〇〇年〜三〇〇〇年前）

温暖化で大型哺乳類が絶滅

最終氷期の約二万年前の最寒期が過ぎると地球規模で温暖化に向かいました。それまでは、針葉樹林が列島を覆っていましたが、西南日本から太平洋沿岸伝いに落葉広葉樹林が増加し拡がっていき、北海道を除いて列島の多くが落葉広葉樹林と照葉樹林で覆われ、コナラ亜属やブナ属、クリ属など堅果類が繁茂するようになり、クリ、シイ、ドングリなどの堅果類に恵まれるようになりました。

この温暖化による植生の変化は、ナウマンゾウ、トナカイ、オオツノジカなどの大型哺乳動物の生息環境を悪化させ、約一万年前までには、日本列島から、これらの大型哺乳動物がほぼ絶滅してしまいました（ほぼ同じ時期にシベリアのマンモスなどの大型哺乳類が絶滅したことは『自然の叡智　人類の叡智』のシベリアの歴史で述べました。温暖化は草原が森に変わることで、マンモスなどの大型草食動物にとっては環境の悪化であり、弱っているところをホモ・サピエンスが狩ったので絶滅してしまったのです）。

しかし、日本列島の沿岸は魚介類に恵まれていました。とくに、暖流の黒潮と寒流の親潮とが交差し、内湾が発達している東日本は、季節を問わず豊かな大漁場でした。

東日本に特化していた縄文時代

縄文時代の集落遺跡は約七万六〇〇〇ヶ所ありますが、そのうちの約八五％が東日本にあり、とくに、北海道南部から関東の太平洋岸に大規模集落が多く分布していました。貝塚は、総計約二五〇〇ヶ所のうち、東日本に約二一〇〇ヶ所あり規模も大きいものでした。

同様に、縄文遺跡出土の釣針の数をみますと、「東北・関東・中部」の東日本三地方の釣針出土数は、実に、全体の九五％を占めていました。また、縄文時代出土の主要堅果類の数は、東日本三地方が全体の八二％を占めていました。

そして、国立民俗学博物館の小山修三教授は、このような縄文時代の各種データをもとに、縄文時代の人口推計を行っていますが、その推定によれば、四〇〇〇年前頃の縄文中期に縄文時代の人口はピークとなり、約二六万一〇〇〇人と推定しています。そして、縄文中期には、関東には、九州の一八倍の人々が住んでいました。縄文時代中期の頃、近畿地方以西の西日本の総人口は、全日本の総人口のわずか三・六％程度であったとみられます。

このように縄文時代全般を通じて、日本列島の人口の八割以上が、東日本の「東北・関東・中部」の三地方に住んでいました。つまり、西日本の「近畿・中国・四国・九州」の四地方の人口は、日本列島の人口の二割以下しか占めていなかったとみられます（弥生時代になり、水田稲作が始まるとこれが逆転します）。

なぜ、気候がより寒冷とみられる東日本三地方の人口が極端に多く、気候が温暖とみられる西日本四地方の人口が極端に少なかったかと言いますと、当時、西日本で頻発した火山の影響によるものと考えられています。

火山噴火が頻発した西日本

南九州には、阿多カルデラ（九万年前）、姶良カルデラ（二万九〇〇〇年前）、桜島大噴火（一万一〇〇〇年前）、鬼界《きかい》カルデラ（七三〇〇年前）の他、阿多南部カルデラは噴火と陥没を繰り返し、五五〇〇年前の池田湖、山川湾、四〇〇〇年前の開聞岳、さらに縄文中期の口永良《くちのえら》部《ぶ》島《じま》などの火山の爆発があり、そのたびに九州を中心に広く西日本に大きな影響を与え続けていました。このため、西日本に住んでいた縄文人が東日本へ移動していったため、東日本に極端に偏った人口構成となった考えられます。

さて、**縄文時代草創期（一万六五〇〇〜一万一五〇〇年前）**になると、日本列島の温暖化がすすみ、針葉樹林を主体としていた森林は、落葉広葉樹と照葉樹の森林へと変化していき、西日本から太平洋沿岸地域を東へと拡がっていきました。

このような気候・環境において、薩摩火山灰の下から発見された約一万一〇〇〇年前の掃除山遺跡（鹿児島市）では、二棟の竪穴住居跡をはじめとして、煙道つき炉穴《ろけつ》、舟形や円形をした配石炉、つまり地面に穴を掘って火をたいた調理用の施設、土坑、植物食料の製粉具である磨石や石皿という、ドングリやクルミなどの木の実を割って砕いたり、製粉したりする道具類など各種の遺構・遺物が纏《まと》まって出土しました。これらの道具類を見ると、縄文時代の主食が、森の資源の一つであるドングリなどの木の実に移り変わりつつあったことがわかります。

この縄文草創期には、秋に採集した堅果類の貯蔵と利用を兼ねた越冬のための半定住の居住地でしたが、**縄文早期（一万一五〇〇～七〇〇〇年前）**になってはじめて定住生活が出現したようです。鹿児島市にある縄文早期初頭の加栗山《かくりやま》遺跡では、一六棟の竪穴住居跡、三三基の煙道つき炉穴、一七基の集石などが中央広場を囲むように配置されていました。

これほどがっしりした竪穴住居が作られるようになったのも石器の進歩があったからに他なりません。磨製石斧は縄文文化を支える大きな発明でした。石斧の発達は、丸木舟の製作に効果をあげ、川・沼・湖・海での漁撈活動や水上交通、そして地域間の交流を活発化させ、生活の安定と向上の支えとなりました。木製品の製作にも磨製石斧は威力を発揮し、木材をくりぬいた鉢、片口鉢、皿など多彩な容器が作られました。

世界的に異常に早い東アジアの土器の発明

縄文時代の名前ともなった土器の発明は、日本は世界的に早く、縄文時代の食料生産や食生活を支えたばかりか、縄文人が創造力を発揮して地域色豊かな、芸術品の域に達していたものもありました。現在のところ、日本最古の土器は、青森県の大平山元Ｉ《おおだいやまもといち》遺跡《いせき》から発掘された土器で、一万六五〇〇年前とされています。文様がない無文土器《むもんどき》で、土器の内側には炭化物が付着しており、食料の煮炊きに使ったものであることがわかりました。

粘土から水の漏れない容器を作り出した土器の発明は、人類が初めて手にした化学変化の産物であり（アフリカのホモ・サピエンスも発明していませんでした）、石・骨・木材など自然物を道具として利用したことに次ぐ、人類史上の大きな発明です。食料を煮炊きし、貯蔵することができるようになり、さらに土偶などとともに文様装飾を施すなど芸術性の発露となり、人類文化の発展に大きく貢献することになりました。

従来、ヨーロッパでは、土器は氷河時代から暖かい完新世に入って、農耕が起源した西アジアで発明され、農耕とともに世界各地に伝播したとされていました。農業の開始については、この後、述べますが、その開始はせいぜい一万年前からです。また、日本では、縄文土器は、約一万年前に氷河期が終わり、照葉樹・広葉樹が森林を形成するようになり、採取した木の実などの「堅果類を煮るために土器が作られた」というのが定説になっていました。

ところが、最近、日本だけではなく、ロシアのシベリア地方アムール川流域で一万五〇〇〇年以上前の土器が発見されました。中国の仙人洞遺跡では二万年前の土器が発見されたとアメリカの科学誌『サイエンス』に報告されました。二万年前は氷河期でも寒冷期のピークであり、まだ氷河期の針葉樹林であり、落葉広葉樹のドングリやクリなどが繁茂する植物相ではないことは明らかです。ところが土器の初現は、まさに氷河期の最中に起きていたのです。

中国中部・日本列島・アムール川流域では、氷河期の最中に、厳しい環境を克服するために、僅かな植物性食料やコケ・樹皮を効率よく摂取する手段として、それぞれの工夫の中で土器を発明したのではないかとも考えられていますが、いずれにしても、東アジアでは農耕の起源と無関係に土器を生み出したことは明らかで、その契機は今後の研究課題であります。

定住生活に入った縄文人

日本列島では、縄文時代草創期以降の土器文化が継続し、土器を契機として定住化（重い土器は持ち運びできませんから、土器＝定住化でした）や弓矢が出現し、現代に続く日本文化の基層をなす縄文文化となりました。それは、温暖期を迎えて豊かな落葉広葉樹林が広がった東日本において、土器を持つことが最も有効に働いた結果と考えられます。

氷河期が終わる頃の一万五〇〇〇年から一万二〇〇〇年前頃の平均気温が六度異なるような

急速な温暖化と寒冷化（世界的にはヤンガー・ドリアス期とよばれる寒冷期の揺り戻しがあり、これを契機に農耕が始まりました）を、縄文人は土器を用いた食料の煮沸や貯蔵によって乗り切ったようです。

縄文時代は、草創期、早期ののち、**前期（七〇〇〇年～五五〇〇年前）**、**中期（五五〇〇年～四五〇〇年前）**、**後期（四五〇〇年～三二〇〇年前）**、**晩期（三二〇〇年前～二四〇〇年前）**と区分されています。

日本列島の豊かな自然環境に適応した縄文文化は、世界史的にも珍しい本格的な農耕を長く採用しなかった先史文化でした。次第に原初的な農耕段階へ進みつつも採集狩猟を中心に自然と共存し、交易などのネットワークを持ちつつ関東・東北・中部・西日本など地域ごと、多彩な土器文化を発達させました。

その土器文化の頂点にあった**縄文中期（五五〇〇～四五〇〇年前）**には、たとえば、新潟県内の信濃川・阿賀野川流域で隆盛した、豪華な把手状装飾が燃え上がる炎のように見える火焔《かえん》土器はまさに最高峰の芸術品と言えるでしょう。

縄文生活の総合展示場・三内丸山遺跡

縄文文化を総合的に示してくれるのが、青森市の郊外で発見された三内丸山遺跡です。この遺跡は縄文時代前期中頃から中期末葉（五五〇〇～四〇〇〇年前）の大規模集落跡で、標高は約二〇メートル、当時は北の海に面していて、遺跡は約三八ヘクタールの広大な範囲に広がっています。この集落は一五〇〇年近くの長期間続いたと考えられています（私たち日本人の有史期間に匹敵する長さです）。

遺跡には、通常の遺跡でも見られる竪穴住居、高床式倉庫の他に、大型竪穴住居が一〇棟以上、さらに祭祀用に使われたと思われる大型掘立柱建物が存在したと想定されています。

三内丸山では幅一〇メートル以上の大型竪穴式住居跡がいくつも見つかっていますが、その中でも最大のものは長さ三二メートル、幅一〇メートルの長屋風のもので、これが復元されています。東西約七五メートル、南北約一八メートルの範囲に掘立柱建物のものであると推測される柱穴群が見つかっています。この掘立柱建物は高床式倉庫であった可能性が高いと判断され、現在高床式建物として復元されています。

また、この他にも北海道地域を中心とした交易で得たと推測される黒曜石、琥珀《こはく》、漆器、翡《ひ》翠《すい》製大珠などが出土しています。道の跡周辺からは環状配石墓（ストーンサークル）も見つかっています。土偶《どぐう》の出土が多く、板のように薄く造られていて板状土偶と呼ばれていますが、日本最大の土偶も出土しています。もちろん貝塚もありました。

この縄文文化を支えた食料源ですが、遺跡から出土したクリをＤＮＡ鑑定したところ、それが栽培されていたものであることなどもわかり、多数の堅果類（クリ・クルミ・トチなど）の殻、さらには一年草のエゴマ、ヒョウタン、ゴボウ、マメなどといった栽培植物も出土しました。縄文土器の多くは深鉢形の煮沸用土器（円筒土器）でしたが、これが堅果類のアク抜きなどに大きな威力を発揮したことは言うまでもありません。

実質、農業に近いことが行われており、世界的に見て定住化がきわめて早いことがわかりました。また、狩猟も行われており、出土した動物の骨の七割弱がノウサギとムササビの骨でした。この遺跡の居住者数は数百人と考えることができます。

この三内丸山遺跡は、縄文時代の文化が従来考えられていたものよりも進んだものであることを示すものでした（世界的に見てもきわめて高いレベルにありました）。遺跡は他の近くの遺跡につながっている可能性が高く、未だに全容は把握されておらず、調査研究が続けられています。

縄文時代の集落跡には貝塚（ゴミ捨て場）がありますが、そのような遺跡を調査すると縄文集落がはやくも特殊な製品の生産を行い交易を行っていたことがわかりました（アフリカのホモ・サピエンスの時代から長距離交易があったことは述べました）。なお、二〇二一年の七月二七日、ユネスコは三内丸山遺跡をはじめとした「北海道・北東北の縄文遺跡群」を世界文化遺産に登録することを決定しました。

特産品交易をした縄文地域経済

東京都北区の中里《なかさと》貝塚など浜辺（当時は浜辺でした）にある大貝塚では、浅い皿状のくぼみを木枠で囲んだ施設や石組み炉が発見されましたが、これは大量の貝を蒸してむき身を作った跡でした。この貝塚は、縄文中期中頃～後期初頭の南北一〇〇メートル以上、東西五〇〇メートル以上で、貝層の厚さは四・五メートル以上におよぶ巨大なものでした。貝層はほとんどハマグリとマガキから成っていました。

穴に海水を張り、熱した石を投入して海水を沸騰させて貝を煮て、剥《む》き身や干貝を集中的に作った結果、貝殻が大量に破棄されて巨大な貝塚ができあがったと考えられています。加工された貝は、内陸の集落との間で交易されたのでしょう。同様の巨大貝塚は太平洋岸の各地に見られます。

同じように、イルカの解体場跡もあり、北海道から関東にかけての太平洋岸や日本海岸の富山湾・能登半島、西北九州では、イルカの骨が多く出土しています。このような海岸部の集団から内陸部の集団への海産物や塩などの流通は、日常生活圏を越えて数十キロメートル圏におよんでいました。

さらに貴重なものになると、一〇〇キロメートル圏、時には一〇〇〇キロメートル以上におよぶこともありました。一〇〇キロメートル圏から運ばれてきたものとしては、石器石材としての黒曜石やサヌカイト、赤色顔料となるベンガラや水銀朱《すいぎんしゅ》、石鏃を矢柄につける接着剤となるアスファルトなどがありました。アスファルトは秋田や新潟などの油田地帯で産出したと考えられますが、縄文中期には東北の太平洋岸へ、後期・晩期には関東まで利用が広まっています。

黒曜石やサヌカイトなどの石器石材の産地については、八ヶ岳山麓の黒曜石原産地にある星《ほし》ガ塔《がとう》・星糞峠《ほしくそとうげ》遺跡や、サヌカイト産地の奈良県・大阪府の二上山《にじょうざん》では、原石採掘坑が見つかっており、黒曜石は遠隔地まで運ばれ、広域に流通しました。たとえば、東京都内の集落遺跡では、八ヶ岳産の黒曜石製石器とともに石塊や多量の剥片が発見されることが多く、黒曜石材の消費地であったことがわかります。神津島《こうづしま》産黒曜石は海を越えて南関東に運ばれていました。

新潟県糸魚川市の長者ヶ原《ちょうじゃがはら》遺跡などでは、特殊な石材を用いて磨製石斧を多量に製作しており、岐阜県飛騨市《ひだし》の塩屋金精神社遺跡《しおやきんせいじんじゃいせき》や群馬県安中市《あんなかし》の恩賀遺跡《おんがいせき》には石棒製作跡がありました。これらは集落内で使うために石器を製作していたのではなく、他地域へ製品を供給するために専業的に生産を集約した遺跡でありました。

ヒスイやヒスイ製品も遠方まで運ばれており、その製品は霊力を持ち、特殊な身分を象徴する貴重品として珍重されました。ヒスイの産地は、新潟県姫川《ひめかわ》や青海川《おうみがわ》上流、富山県朝日町付近に限られ、転石は付近の海岸でも拾えました。ヒスイ製品は多くが原産地の北陸の中期・後期の富山県境A遺跡や糸魚川市の長者《ちょうじゃ》ヶ《が》原《はら》遺跡《いせき》などで製作されました。遅くとも縄文中期頃にはヒスイ製勾玉《まがたま》が作られていたことが判明しており、とくに長者ヶ原遺跡からはヒスイ製勾玉とともにヒスイの工房が発見されています。

ヒスイの利用は縄文前期末に始まり、山梨県北杜市《ほくとし》の天神《てんじん》遺跡などには、この地域産のヒスイで作った玉類があります。縄文中期には大珠が広く珍重されるようになり、北陸・中部・関東に多く、さらに北海道から九州までおよんでいました。三内丸山遺跡には、六〇〇キロメートル以上も離れた姫川産のヒスイ製品や素材が運びこまれており、その量は原産地以外では比類がないほど多量でした。

海外貿易もやっていた縄文人

海を越えて交易された物もありました。白滝産黒曜石はシベリアのアムール川流域やハバロフスクで出土し、北部九州産の黒曜石は朝鮮半島南岸地域に供給されていました。日本列島は、ユーラシア大陸から海で隔てられていたとはいえ、朝鮮半島やサハリン・シベリアとは、丸木舟をあやつり海峡を越えて人々が行き来し、物資が移動していたのです。

丸木舟は、全国の縄文早期末から晩期までの約五〇遺跡で八〇隻余が発見されており、長さ七メートル、幅六〇センチメートル前後の大きいものと、長さ三～四メートル、幅五〇センチメートルほどの小形のものがありました。スギ材で作ったものが多く、巨木を焼き焦がして、磨製石斧で内側を抉《えぐ》り込んで概形を作り、削って仕上げていました。

縄文人は丸木舟をあやつって海や川での漁撈を行い、また、海に乗り出して遠隔地と交易していました。全国各地に共通した縄文文化を育んだのは、こうした交通・情報・交易網が整備されていたからでしょう。縄文人は知恵を絞って、特産品を生み出して、なんと活発に生きていたのでしょう。

いずれにしても、自然環境に積極的にアプローチして、困難を突破してきたホモ・サピエンスの末裔《まつえい》だけあって、縄文時代の日本人は大型哺乳動物の絶滅という危機を堅果類や林床植物の栽培や、遠く離れた人々と交易ネットワークを構築し協力し合って、乗り切っていったようです。

縄文時代後期・晩期に開始された稲作（陸稲）

後述します中国で開始された農業は、紀元前二〇〇〇年前後に朝鮮半島に伝播し稲作（陸稲）が始まりましたが、日本へも**縄文時代後期（四五〇〇年～三二〇〇年前）**に朝鮮半島から陸稲が伝播してきて、他の雑穀とともに栽培されるようになりました（後述しますが、このときは陸稲で水田稲作ではありません）。

朝鮮半島では、新石器時代の遺跡から発掘された栽培穀物として、紀元前四千年紀（紀元前四〇〇〇年～紀元前三〇〇一）の黄海北道・智塔里《ちとうり》遺跡ではアワかヒエの炭化穀物粒と石犂《いしすき》、石鎌《いしかま》が出土しており、釜山市・東三洞貝塚ではアワとキビが発見されていますので、畑作が始まっていましたが、農業が食料生産の基盤であったとは考えられていません。それらの穀物の推定年代は紀元前三五〇〇年頃です。その頃の主たる生業はなお狩猟・漁労であったと思われます。

現在のソウルに近い一山《いるさん》遺跡で種籾が発見され、紀元前二〇〇〇年前後に、漢江下流において稲作が始まっていたことがわかりましたが、これらの遺跡では、キビ、アワ、モロコシ、ダイズなどが稲（陸稲）とともに出土していますので、この段階では各種の穀物が混合して栽培されていたと考えられています。

日本でもプラントオパール分析（イネ科植物などの細胞組織にある種独特の形状のシリカ）によって、少なくとも紀元前一五〇〇年頃からすでに陸稲（熱帯ジャポニカ）による稲作が行われていたことがわかりました。ただ、稲が単独で栽培されていたわけでなく、オオムギ、ヒエ、キビ、アワ、ソバなどの雑穀類の栽培やアズキ、大豆なども混作されていたと考えられています。プラントオパールによってイネの痕跡が確認された縄文遺跡の分布を見ますと、九州と中国地方に集中していて、日本列島の北の方からは出ていません。

インドシナ半島の奥深い地域では現在でも焼畑での稲作が広く行われています。山の斜面の草木を焼き払い、その灰を肥料とする焼畑には畔《あぜ》も灌漑用の水路もありません。また、谷地《やち》やちょっとした土地のくぼみを利用した原初的天水田（灌漑しない圃場）にもまた稲は栽培されています。縄文時代の稲作は天水田を含めた焼畑式の稲作であったかもしれません。そしてそこで栽培された稲は現在の東南アジアの焼畑と同じく熱帯ジャポニカでした。

日本語のルーツ

日本語がどのようにしてでき上がっていったかですが、宮崎嘉夫著『日本人と日本語のルーツを掘り起こす（考古学からＤＮＡまで）』（文芸社、二〇〇九年刊）によりますと、以下のように考えられています。

日本語は北の言語の祖先である四万～二万年前の石刃・細石刃文化の言語が到来し、それが日本語の最古層になり、縄文時代後期から弥生初期の七〇〇〇～三〇〇〇年前に長江下流域からオーストロネシア語系言語が少なくとも二回到来しました（後述しますが、稲作をもたらしました）。それに弥生・古墳時代にツングース語要素を含む扶余《ふよ》語《ご》系言語（古代満州から朝鮮半島にかけて話された夫余語、高句麗語、百済語などの諸言語の総称）が朝鮮半島西部の言語を経由して到来しました（後述しますが、天孫系民族の到来）。混合現象はその都度行われ、扶余語系言語が入ったときも新たに生じたようでした。混合現象を受容する態勢は双方の言語にあったと言えるとしています。南北ともに渡来回数が予想以上に多く、混合に多くの回数と時間がかけられたかもしれないと述べています。続けて漢語が入り、江戸時代末期以降、欧米語が入るようになったとのことです。

《三》弥生時代（三〇〇〇年前〜紀元一九〇年頃）

中国の長江中流域で始まった稲作農業

『自然の叡智　人類の叡智』（二九三ページ参照）の第一〇章で述べましたように、人類の農業の起源地としては、大きく二つあって、約一万年前の西南アジア（肥沃な三日月地帯）起源のコムギ作農業と中国（長江中流域）起源の稲作農業でした。

　一九九五年に長江中流域の湖南省道県《どうけん》の玉蟾岩《ぎょくせんがん》遺跡の洞窟から、人骨、土器、石器などの遺物とともに、紀元前一万年の地層から稲籾《いねもみ》が出てきました。野生の稲の場合、稲籾の先端に「ノギ」と呼ばれる長い棘《とげ》がついていますが、玉蟾岩遺跡の稲籾はノギが退化して小さくなっていましたので、この稲籾は栽培種であることが確認されました（植物は栽培化されると人間には不必要な部分が失われていきます。人間にとってできるだけ有効なものだけを選別していくからです）。

　玉蟾岩遺跡を起源とする稲作は、長江の上下流に伝播していきました。一九七三年～一九七八年の発掘調査で発見された長江下流の浙江省余姚市《よようし》の河姆渡遺跡《かぼといせき》は、紀元前六〇〇〇年～紀元前五〇〇〇年頃のものと推定される大量の稲籾などが発見され本格的な稲作がはじまっていたことがわかりました。この河姆渡遺跡周辺で、水田稲作が誕生し、長江流域の稲にはジャポニカ型とインディカ型の二種類がありますが、ジャポニカ型は長江以北に、インディカ型は長江以南や南アジアに広まりました。

　中国は、もう一つの農業、つまり、雑穀農業の起源地であるとされていました。むしろ、従来、中国農業の発祥地（世界四大文明の発祥地の一つ）は黄河流域とされ、その方がより早いと考えられていました。黄河やその支流が運んだ黄土のうえでは、もっとも重要な二種の穀物アワとキビが古くから栽培されていました。しかし、実は華北におけるアワ、キビの栽培化のプロセスはよくわかっていませんし、この方が前述の米より後になることがわかってきました。

　中国での農業のその後の伝播は、気候の関係から、黄河流域ではアワ、キビなどの畑作、長江流域では稲作が伝播していったようです。現在でも淮河《わいが》（黄河と長江の中間を流れる川）をおおよその境界として、北の畑作地帯と南の稲作地帯に分けられます。この境界は気候変動によって南下または北上します。

中国の北方への農業の普及は、黄河流域起源の雑穀農業が黄河流域を下っていったと考えられています。山東半島部では紀元前三〇〇〇年頃からアワが栽培されていたことが数ヶ所の遺跡で確かめられており、紀元前二五〇〇年頃になって、アワ作に稲（陸稲《りくとう》）が新たに加わりました。対岸の遼東半島先端部の大連市大嘴子《だいしし》遺跡ではコウリャンとともに稲（陸稲）が発掘されています。

このあと、稲（陸稲）は、紀元前二〇〇〇年前後に朝鮮半島に伝播し、その後、日本へも縄文時代後期（四五〇〇年前〜三二〇〇年前）に朝鮮半島から陸稲が伝播してきて、他の雑穀とともに栽培されるようになりました。

黄河文明が長江文明を征服

農業の開始は、中国の地域社会の発展を促進しました。

黄河流域を中心とする華北ではアワを中心とする雑穀農業で黄河文明が興りました。これに対し、長江流域の中、下流では水稲農業が発展して長江文明が興りました。やがて、中国は黄河、長江、二つの文明圏に大別されるようになり、対立していきました。

黄河中流域を母体とする黄河文明は、仰韶《ぎょうしょう》文化（紀元前五〇〇〇〜三〇〇〇年）が興り、その後は中原竜山《ちゅうげんりゅうざん》へと受け継がれ、青銅器時代に入って、紀元前二〇〇〇年の二里頭《にりとう》文化（黄河文明最初の王朝である夏《か》王朝の文化と推定されています）、その後の二里崗《にりこう》文化・殷《いん》王朝（商《しょう》王朝）、そして西周《せいしゅう》と、三代の王朝にわたり黄河文明は拡大していきました。黄河文明の担い手は漢民族で言語はシナ・チベット語でした。

　これに対し、長江下流域を母体とする稲作の長江文明は、紀元前五〇〇〇年（新石器時代前期後半）の河姆渡文化に発するので、むしろ黄河文明よりも長江文明の方が先に興ったと推定されます。最古の水田稲栽培は河姆渡遺跡を中心として河姆渡文化（紀元前五〇〇〇～四〇〇〇年）、馬家浜文化《ばかほうぶんか》（紀元前五〇〇〇～三八〇〇年）が興り、やがて、これらの文化は、長江中流域の屈家嶺文化《くつかれいぶんか》（紀元前三〇〇〇年～二五〇〇年）、下流域の良渚文化《りょうしょぶんか》（紀元前三三〇〇年～二二〇〇年）に引き継がれました。長江文明の担い手の言語は、オーストロアジア語であったと推定されています。

　やがて、長江文明は華北の黄河文明（中原《ちゅうげん》の政治勢力）の拡大による圧迫によって崩壊してしまい、長江文明を担った民は四散してしまいました。このとき、黄河文明の担い手であった漢民族のシナ・チベット語族が現在の中国の大半を占めるように拡大していきました。このように、黄河文明が長江文明を圧倒したのは、金属器の到来が関わっていたと推定されます。アナトリア（現在のトルコ）で実用化された金属器（青銅器、鉄器）は北回りで中国に入ってきたことがわかりましたが、いち早く金属器（青銅器）の武器を獲得した黄河文明が国家形成を早め、南にせり出し、長江文明を圧倒したと推定されます。

このシナ・チベット語族の大攻勢に敗れた長江文明の担い手であったオーストロアジア語族は、南方の現在のベトナムなど東南アジアに逃れていきました。その拡散は、二つの主要ルートで行われました。

長江中流域から南方に広がり、福建省、広東省北部を通って中国の海岸沿いの陸域を東南アジアの半島部へと下るルートがその一つでした。もう一つのルートは後氷期の海面上昇で形成された無数の島々が沖合に広がる海岸沿いに、浙江省から福建省、広東省、台湾へと至り、その後、海上ルートで東南アジアの島嶼部へ広がっていきました。

現在の長江流域には長江文明の母体となった人々の言語は残っていません。このとき東南アジアへ広く四散したオーストロアジア系言語の民族へその言語と文化は受け継がれているようです。これらオーストロアジア語族系の人々は水稲農業技術をもって移動していったので、このときから、東南アジアでは水稲稲作が始まったのです。南方へ逃れた越のグループ以外にも、北東方向へ逃亡したグループがあり、その一部が倭《わ》と呼ばれていました。

このような中国大陸での民族大移動（実際は大動乱だったかもしれません）のような出来事は、最新の遺伝子分析でみるとどうなるかですが、前述の崎谷満氏の『新日本人の起源—神話からDNA科学へ』によりますと、中国の各文化圏の遺跡発掘骨から得られたサンプル調査から、Y染色体ハプログループは次のような特徴があることがわかりました。

黄河中流域龍山文化―O3*（七五%）、O3a3c（二五%）

長江中流域・三峡地域大渓文化―O3a3b（三一%）、O3*（六%）、O2a（六%）、
　O2b（五六%）

長江中流域呉城文化―O2a（六七%）、O3*（三三%）

長江下流域・河口域良渚文化《りょうしょぶんか》―O1a（六四%）、O2b（三六%）

水田稲作の開始と弥生時代区分

日本への水田稲作の伝播は、従来は紀元前二～三世紀と言われていましたが、紀元前一〇〇〇年頃には北部九州に水田稲作が伝播したようで、朝鮮半島とほぼ同じ時期であったようです。

そこで、弥生時代を紀元前一〇世紀から紀元三世紀中頃までとすることが、国立歴史民俗博物館（歴博）によって提案されています。本稿においても、この弥生時代区分、**弥生早期（紀元前一〇〇〇年～紀元前八〇〇年）**、**弥生前期（紀元前八〇〇年～紀元前四〇〇年）**、**弥生中期（紀元前四〇〇年～紀元五〇年）**、**弥生後期（紀元五〇年～紀元二四〇年）**にしたがって述べることにします。

一九七八年、福岡市の板付《いたづけ》遺跡において、縄文時代晩期（紀元前一二〇〇年～紀元前四〇〇年前）最末期の土器とともに水田跡や農具などが発掘されました。一九七九年には、佐賀県唐《から》津《つ》市《し》の菜畑《なばたけ》遺跡《いせき》からも、水田跡、水路、農具などが発見され、板付遺跡のそれをさかのぼる縄文晩期後半の土器が含まれていたことから、より古い段階の水田と確定されました。その後、時を重ねるごとに古い時期に属する水田の調査事例が増加しました。

このような調査事例の蓄積を受け、北部九州地域ばかりではなく、少なくとも本州の西部瀬戸内地域においては、縄文時代晩期には、灌漑技術のもとに管理された水田稲作が行われていた事実が明らかになりました。

水田稲作伝来のルート

前述しました崎谷満氏の『新日本人の起源―神話からＤＮＡ科学へ』によりますと、日本列島へ水稲農耕文化を持ち込んだ集団はＹ染色体ハプログループＯ１ａ、Ｏ２ａ、Ｏ２ｂなどが想定されています。その中でＯ２ｂが最も大きな集団を形成していました。はっきりしたことは不明ですが、このＯ２ｂ集団を想定できる可能性があるデータが中国の三峡地域や長江下流域の古代遺跡に見られることは、Ｏ２ｂ集団のホームグラウンドが三峡地域や長江下流域であったかもしれません。

三〇〇〇年～二〇〇〇年前の中国と言えば、長江文明が黄河文明に圧倒され崩壊した時期で、長江人が水稲農耕文化を伴ってベトナムや東南アジアに四散したことは述べましたが、その時、水稲農耕文化を持って日本に移住してきた可能性はあります。中国の歴史のところで述べましたように、黄河流域の漢民族の大攻勢で長江文明の担い手であったオーストロアジア語族は南方にのがれていきましたが、北東方向へ逃亡したグループもあり、その一部が倭と呼ばれていたようで、それが紀元前一〇〇〇～八〇〇年頃に、日本へ水田稲作をもって渡来したようです。

北部九州の初期の稲は、ほとんどがジャポニカ型でした。日本列島へ伝来する過程で、涼しい気候でも生育するジャポニカ型が選別されて伝わったと考えられています。

現在、中国大陸の東岸から日本列島への水田稲作の伝来経路には、①長江河口→朝鮮半島→北部九州という北回りルート説、②長江下流域→朝鮮南部・北部九州という直接ルート説、③中国江南地域→南島（台湾・琉球列島など）→南部九州という南島ルート説の三説がありますが、もっとも有力なのは北回りルート説です。

日本へは、水田稲作とともに、青銅器や大陸系磨製石器などの文化要素がそろって伝来してきましたが、それらの多くが山東半島→遼東半島→朝鮮半島南部→北部九州というルートで伝来したことが確かめられるからです。

まず、朝鮮半島の状況ですが、紀元前一〇〇〇年頃になって、忠清南道の麻田里遺跡などでは小区画水田や階段式水田遺構などが発見され、畑作栽培に加え、水田経営が本格化する傾向を示していました。紀元前七～六世紀の遺跡からは竪穴式住居址があり、谷部には小区画の水田が、足跡、耕作具痕、株跡などとともに水路や環溝もあり、灌漑システムが整っていたことがわかっています。

その後、朝鮮半島では、水田耕作がはじまった結果、貯蔵・消費が増大して、貧富の差も生じ、集団をリードする階層も生まれました。それを統率する首長が生まれ、また集落間の争いも起こるようになり、検丹里《けんたんり》遺跡や松菊里《しょうきくり》遺跡のように、集落のまわりに溝をめぐらす環溝集落が成立しました。

韓国南部の忠清南道松菊里遺跡は、一〇メートルの小丘陵にある無文土器時代中期、日本列島の突帯文土器と併行期の農耕集落で、米三九五グラムが発見されましたが、住居跡は径約四メートルの円形竪穴住居で、中央にある炉の両端に小柱孔を持つ特徴があり、松菊里式住居と呼ばれています。

松菊里式文化は、水田稲作に主体をおく農耕文化であり、前述の新しい構造の住居や新しい土器型式の出現、三角形石包丁の登場、石棺墓の採用、青銅器の使用など画期的なものでした。土器は中国山東半島からの系譜を引く叩《たた》き技法によるもので、叩き木と当て木で器の内と外から叩き締めながら成形するので、軽くて丈夫な土器ができました。

この松菊里式土器やその摸倣土器は、弥生早期・前期の九州から近畿までの各地の遺跡で発見されています。同時期の大陸系磨製石器群も松菊里式文化のものと共通します。たとえば、突帯文土器期の菜畑遺跡や板付遺跡では石包丁や大陸系磨製石器が一そろいで多数発見されています。朝鮮半島南部で発達した有柄式《ゆうへいしき》磨製石剣や細形磨製石鏃も北部九州に現れています。これは銅剣にも言えます。

これは、朝鮮半島の人々が玄界灘を渡って北部九州に移り住み、さらに瀬戸内から東の地域へと広がっていったのでしょう。墓制でも共通するものがあり、弥生前期の西日本では、石棺や木棺に遺体を納める風習が広まりましたが、これも松菊里式文化と共通します。近畿で前期に始まる方形周溝墓も忠清南道の寛倉里《ドカンチャリ》遺跡など松菊里式文化期に出現していました。

水田稲作と日本農村の原点・菜畑形跡

日本の最古の水田跡は、佐賀県唐津市の菜畑遺跡から発見されています。一九八〇年~八一年の発掘で、従来縄文時代晩期末とされた地層から、大規模な水田が営まれていたことを裏づける水路、堰《せき》、取排水口、木の杭や矢板を用いた畦畔《けいはん》（あぜ）が発掘され、これは従来縄文時代晩期末とされた今から紀元前九三〇年頃に日本で初めて水田稲作が行われていたことを実証するものと考えられています。

最古の水田は、一区画が四×七メートル程度の小ぶりで、土盛の畔《あぜ》と矢板でしっかり護岸された水路を伴っていました。その土木技術は高く、現在の水田と比べてそれほど見劣りするものではありません。ここでは稲穂を刈り取るのに使う石包丁や石鎌、水田を耕す諸手鍬《もろてくわ》、馬鍬、田面を平らにならすための柄振《えぶり》などの農耕具が大量に発見されました。イネを脱穀するために使った竪杵《たてぎね》などは、つい近年まで農家で使われていたものとそっくりです。

この菜畑遺跡からは水田稲作関連だけでなく多くの遺物が発掘され、紀元前九〇〇年頃の弥生早期のムラの生活をよみがえらせてくれます。それは干潟を見下ろす丘の上にムラ（住居・倉庫など）をつくり（古代人は本能的に安全な場所を選んでいたようです）、家の回りでブタを飼い、丘の上に畑を耕作し、丘のふもとの谷に水田を耕作していました。このことは今まで日本の農業は家畜を持たないという、いわゆる欠畜農業だという定説を打ち破る発見でした。菜畑で行われた日本最古の稲作のまつりの祭壇には当時飼育されていたブタの頭骨（下あごに穴をあけ、棒を通していました）を飾り、彩文土器や高坏《たかつき》に穀物などを供え、漆器や弓で飾りたて、豊作を祈る儀礼を行ったと考えられています。

当時の生活は現在と違って、水稲を中心として六つの生業（稲作・畑作・畜産・狩猟・漁撈・採集）が一体となったムラであり（彼らは多角化してリスクを分散していました）、水稲の生産力が向上するにつれて、しっかりした稲作のムラに成長していったと考えられています。

それでは弥生人は水田稲作でどのくらいの収穫量を上げていたのでしょう。考古学の寺沢薫氏は、奈良・平安時代の水田の収穫量や、東南アジアの水田の収量を参考にして、弥生前・中期は古代の下田級で、一反（一〇アール）当たりの収穫量は六三キロを超えない程度、後期でも、上田級の一反当たり一〇五キロの収穫量をあげるのは例外的としています。

確かに、弥生水田の収穫量は、東南アジアの湿田と同程度で、一反当たりせいぜい一〇〇キロほどであったでしょう。今日の全国平均は一反当たり五〇〇キロ以上ですから、弥生時代は今の五分の一ほどでした。

菜畑遺跡で行われていた畑作はアワ、オオムギ、ソバの雑穀と、アズキ、リョクトウ、マメのマメ類栽培の他、ゴボウ、ナスビ、メロン、マクワウリ、ヒョウタン、シソ、ゴマ、キュウリがありました（種が出てきました）。現在の農家で栽培されているほとんどの品種が出そろっていました。

菜畑の人々は隣接する山でイノシシ、シカを中心としてノウサギ、ムササビ、タヌキ、テン、アナグマなど、多くの動物をとっていました（骨が出てきました）。犬を使って狩を行い、道具は弓と矢を用いていました。

採集として、マタタビ、ヤマイモ、イチゴ、クコなどの種子が出土しており、この他にもユリ根やムクノキ、ヤマモモ、シイ、カシ、ワラビ、ゼンマイ、ヤマビワ、カキ、グミ、オニグルミ、ヨモギ、ノブドウ、セリ、アマチャズル、クリなどの球根、種子などをとって食べていたことがわかりました。この作業には木の実をすりつぶす石皿、スリ石、たたき石と、つるで編んだ編カゴが利用されました。

漁撈としてイルカ、ジュゴン、クジラなどの海獣類をはじめ、魚類、貝類とウニ、カニなどをとっていました。骨で作ったつり針、モリ、ヤス、浮子《うき》、石錘《せきすい》、土錘《どすい》などの漁具や、網の痕のついた土器、舟型木製品などから、当時の漁業のようすがわかりました。

そのほかに、日本で最古の織物の技術が伝えられています。平織の布の痕が土器についたものや、糸を紡《つむ》ぐはずみ車や紡錘の軸、機織《はたお》り機《き》の部分のチキリ、ウニのトゲで作った縫い針などが発見されています。その他、アサやカズラの花粉・種が見つかっており、これで繊維を作り出したと考えられています。衣食住が生活の基盤ですが、衣の技術もしっかりと獲得していたことがわかりました。

稲作の導入とともに、新たに大陸より木工技術が伝えられました。この技術には鍬と斧柄についてはカシ、容器類はクスノキ、ヤス、男根状木製品はイスノキ、弓はカヤ、漆器はヒノキ、矢板はシイといった特定の道具には特定の木を選定する樹種選定技術と、鍬・竪杵《たてぎね》などは芯をはずした辺材《へんざい》を用い、斧柄は木の又の部分を利用するといった木取りの技術の他、加工に際しての伐採用斧・加工用斧・穿孔《せんこう》用ノミがセットで伝えられていました。日本の建築・木工技術には定評がありますが、この時代からはじまっていたのです。

農具の加工にあたっては大陸から伝えられた磨製石斧を用いていますが、ムラ全体で使用管理する水田の矢板、杭の加工には鉄製の最新式の斧を用いていることがわかっています。ムラ全体の仕事と各家庭内の仕事の分化がみられました。

このように菜畑遺跡は何と多くの水田稲作社会のシステムを創造していたことでしょう。その基本は中国大陸からの模倣・伝播でしょうが、しかし、日本の自然環境に合うように改良発展させていました。この菜畑遺跡は日本農業、日本農村の原点とも言うべきもので、その後の農業システムのほとんどは出そろっていたようです。戦後、しばらくの間まで（一九六〇年代まで）、日本の農村のどこにでもあった農業システム、農村生活システムの一式がすでに二九〇〇年前の菜畑遺跡にできていたのです。

それまで狩猟採集のかたわら、細々とイネを作ってきた日本列島の縄文人たちは紀元前一〇〇〇年頃から（菜畑遺跡は完成品ですから、その前から）、徐々にではありますが水田稲作に転換していったようです。長らく人々の主食だった森のドングリはコメへと取って代わられたのでしょう。

弥生人の誕生

北部九州の弥生前期の集落では、朝鮮半島系の土器だけが出土する住居と、弥生土器だけが出土する住居が併存することがあります。これは、水田稲作文化をたずさえて朝鮮半島南部から移り住んだ人々が、土着の縄文人とともに生活をはじめたことを示しています。両者は友好的に共存し、やがて混血して新しい弥生人が誕生していったのでしょう。

果たしてどの程度の数の渡来人が九州北部に渡来し、水田稲作を伝えたのでしょうか。安定した食料生産のはじまりは急速な人口増加を促したことは明らかで、渡来人集団そのものは少数であっても、日本列島への渡来後の人口の累積的な増加が、縄文以来の土着の遺伝子を圧倒していったのではないかという説もあります。

（わずかな出生率の差でも数百年続けば、たちまち、人口比率は逆転します。この議論は、たとえば、西南アジアの小麦農業がヨーロッパ・中東・インドへ伝播した状況〈つまり、インド・ヨーロッパ語族の拡大〉でも最近の遺伝子分析によって確認されています）。

どの程度の渡来人があったかはわかりませんが、水田稲作導入以降、日本列島に住む人々の人口が増大し形質的構成が複雑化したことは間違いないでしょう。

水田稲作の国内伝播

一九三〇年代、福岡県中央部を北流する遠賀川《おんががわ》沿いの遺跡で特徴的な弥生土器が発見され、その後、この土器は弥生前期を代表する土器とわかり、遠賀川式土器（以前の板付Ⅰ式土器）と呼ばれるようになりました。この遠賀川式土器の普及地域を追うことによって、水田稲作の伝播状況がわかりました。

北部九州に起源した弥生文化（水田稲作文化）は、西日本各地に伝播し始め、高知平野では紀元前八世紀、山陰・瀬戸内では紀元前七世紀に弥生文化がはじまり、畿内の河内平野では紀元前七五〇〜五五〇年頃の間に弥生文化がはじまったとされています。紀元前六世紀には濃尾平野、伊勢湾地域にまで拡散しましたが、弥生文化の拡散は濃尾平野、伊勢湾地域でいったん止まってしまいました。その後、紀元前二世紀には関東地方西部一円に弥生文化が拡散しました。

日本海沿岸の山形・秋田・青森の諸県には、西日本の日本海沿岸部の水田稲作集団が舟に乗って、稲籾と栽培技術、遠賀川式土器や土器づくりを伝えたようで、遠賀川式土器やそれをまねて作った遠賀川式土器の発見があいつぎました。一九八七年、本州北端の青森県弘前市の砂沢《すなさわ》遺跡《いせき》で弥生前期の水田跡が発見され、本州北端まで遠賀川式土器を伴った水田稲作が到達していたことが確かとなりました（北海道で水田稲作がはじまるのは明治時代です）。

中部地方の高地に広がるまでには、さらに二〇〇年という期間がかかりましたが（その理由の一つに感光性の籾《もみ》が日照時間の短い中部高地では育たないということが挙げられています）、弥生中期（紀元前四〇〇年〜紀元五〇年）末には、中央高地の松本平、千曲川流域までひろがりました。

水田稲作は全般的にはかなりの速さで日本列島を縦断伝播し波及したと言えます。しかし、東日本の初期弥生文化は、土器や石器、石剣・石刀、有髭《ゆうし》土偶・容器形土偶、再葬墓《さいそうぼ》など縄文文化の伝統が色濃いものでした。また、東日本の土器は、その終末に至るまで縄文を広い範囲に飾る手法が流行していました。水田稲作文化を受容しても、縄文文化の伝統は容易には払拭されなかったようです。

金属器の使用開始と国内伝播

水田稲作の開始とともに金属器の使用がはじまりました。

世界の多くの地域では石器→青銅器→鉄器と変遷しましたが、日本列島では青銅器も鉄器も弥生早期から使用がはじまり（水田稲作を持ち込んだ大陸系の渡来人が青銅器も鉄器も一緒に持ち込んだのでしょう）、以降、両者が併用された点に大きな特色があります。

鉄器の使用は、弥生早期（紀元前一〇〇〇年〜紀元前八〇〇年）からはじまりましたが、弥生中期（紀元前八〇〇年~紀元前四〇〇年）前半までには北部九州で工具を中心に一般化されました。朝鮮半島の先端のヌクト（勒島《ろくとう》。古代の弁韓諸国の地域にある島。現在は韓国・泗川《サチョン》市《し》のすぐ南の島）では、九州の弥生中期の土器、楽浪郡の土器、中国の銭が一緒に出土しており、貿易の拠点だったのではないかと考えられています。ここには鉄生産を行う集落があり、できた鉄は三〇センチメートルもある鉄の斧（板状鉄斧）で各地に出荷されたのではないかと考えられています。弥生人には作ることのできない質の高い強靭な鉄であったようです。

この交易は物々交換で、朝鮮からは鉄で日本からはコメであったようです。ヌクト遺跡からは、日本の数百点の弥生土器のかけらが見つかりました。また、祭祀用の壺も出てきたので朝鮮半島に弥生人が住み着いて小さいながらも日本人町が形成されていたと考えられています。

一方、壱岐のカラカミ遺跡から鉄生産用の地上炉跡が発見されおり、壱岐は日本への鉄の玄関口で、全国への鉄の売り場となっていたようです。ヌクト（勒島《ろくとう》）の土器は島根県・出雲市の山持《ざんもち》遺跡からも出土しており、九州北部から山口・島根（出雲地域）への分布が見られます。鳥取県の青谷上寺地《あおやかみじち》遺跡からは管玉《くだたま》が出ましたが、この管玉の材料の碧玉《へきぎょく》は石川県・小松市の八日市地方《ようかいちじかた》遺跡のものでした。この遺跡でも多くの鉄工具が使われていました。佐賀県・唐津市の中原遺跡で見つかった墓からも青谷上寺地遺跡の管玉が出てきました。

このように、鳥取の花弁高坏・管玉、石川の碧玉、新潟のヒスイ、瀬戸内の塩などの特産品と朝鮮半島の鉄器、鉄素材の交易という、朝鮮半島から北部九州、日本海沿岸を伝って交易ネットワークがあったようです。（前述しました水田稲作も日本海沿いに青森まで早く伝播したことは述べました）。

鉄は、弥生後期（紀元五〇年～紀元二四〇年）以降に西日本全域に拡散するとともに、武器や農具としても採用されるようになりました。鉄器は耐久性や刃の鋭さから主に利器、特に工具や農具（収穫具）として用いられました。木工具や収穫具は弥生前・中期までは石器が主役でしたが、後期（紀元五〇年～三世紀前半）になると、石器はいっせいに姿を消し、鉄器が本格的に普及するようになりました。

鉄器には、朝鮮半島や中国から輸入したものと、鉄素材を輸入して日本列島で製作したものとがありました。鉄素材は後述します『魏志倭人伝』にあるように、もっぱら朝鮮半島南部の弁辰《べんしん》の鉄に依存していました。北部九州の遺跡からは、朝鮮半島南部から入手した細身の板状鉄斧形の鉄素材が発見されています（日本列島でたたら製鉄が見られるのは古墳時代後期、六世紀後半以降と考えられています。それまでは鉄製品、鉄素材はすべて朝鮮半島からの輸入だったのです）。

弥生時代後期には、玄界灘沿岸地域の遺跡から鉄器が大量に出てきますが、最近になって、山陰など日本海側の遺跡からも多くの鉄器が発見されるようになっています。瀬戸内海沿岸各地方や近畿地方の遺跡からはごくわずかしか出てきません。

青銅器は弥生前期末～中期初頭に、朝鮮半島から北部九州に銅剣・銅戈《どうか》・銅鉾《どうほこ》や鏡などが輸入され、実用品でしたが、その後はもっぱら、威信財《いしんざい》として珍重されるようになり、日本でも生産されるようになりました。

いずれにしても、鉄器にしても青銅器にしても原材料は輸入でしたが、金属器の製作には高度な知識や技術を身につけた専門技術者が必要であり、北部九州の福岡県春日市須玖《すぐ》遺跡群や、近畿中枢部の東奈良遺跡、唐古・鍵遺跡などは、青銅器や鉄器などの生産センターがあって、常勤的専門技術者が常駐して生産にあたったようです。

中国史に記された倭国の状況

この弥生時代後期（紀元五〇年～紀元二四〇年）の日本の状況が、中国の歴史書に記されていました。『漢書《かんじょ》』（前漢の歴史書）の地理志に「夫れ楽浪《らくろう》の海中に倭人有り。分れて百余国をなす。歳時《さいじ》を以《もち》て来りて献見《けんけん》すと云《い》う」と記されています。『漢書《かんじょ》』は前漢（紀元前二〇六年～八年）から新《しん》の王莽《おうもう》までの歴史を後漢時代の班固《はんこ》が建初《けんしょ》年間（西暦七六～西暦八四年）にまとめた中国の正史です。

紀元前二〇六年に成立した漢帝国は、朝貢に来た国に対して、皇帝は印綬などさまざまの文物を下賜し、王などの位を授けました。これを冊封《さつほう》体制と言います。これは紀元前一世紀頃のことを記していますので、弥生時代中期になりますが、その頃の倭国（日本）は一〇〇余の小国に分かれており、そうした小国が漢の楽浪郡まで定期的に使者を派遣して朝貢していたと記されていました。

その後、後漢（二五〜二二〇年）の正史『後漢書』の倭伝には、「建武中元二年（西暦五七年）、倭の奴国《なこく》、貢物を奉じて朝賀す。使人自ら大夫と称す。光武（光武帝）、賜うに印綬《いんじゅ》を以てす。安帝《あんてい》の永初元年（西暦一〇七年）、倭国王帥升《すいしょう》等、生口（奴隷）百六十人を献じ、請見を願う」と記されていました。

『後漢書』は後漢滅亡後二〇〇余年を経た四三二年に范曄《はんよう》がまとめたものですが、その『後漢書』によりますと、倭の奴国王は西暦五七年に後漢の光武帝から金印を授かり、正式に倭奴国王に冊封されました。この金印は、天明四年（一七八四年）、福岡市志賀島《しかのしま》で発見され、倭の奴国が実在したことが証明されました。その金印には「漢委奴國王《かんのわのなのこくおう》」と刻まれていましたが、これはあくまで奴国の王というだけで、倭国全体の王であるわけではありません。この奴国は福岡市春日市とその周辺を含む福岡平野にあった弥生時代のクニの一つです。少なくとも、後漢に朝貢するほどの国が北九州に出現していたことがわかります。

さらに前記の『後漢書』の後半部分ですが、それから五〇年経った一〇七年には、倭国の王・師升が複数の王とともに中国の皇帝に謁見しました。倭国王帥升については、別の中国史書に「倭面土国王帥升等」などとあり、倭伊都《いと》国王帥升のことかとされています。一〇七年のときは、小国連合の代表であったようです。

そのとき、生口（奴隷）一六〇人を献上したとあります。このような場合一〇人が普通であるのに、一六〇人といえば、一六ヶ国分に相当します。師升を代表にして十いくつかの国が連合を組んでいたのでしょう。また、それだけ多くの奴隷を献上できるということは、日本に奴隷が大量に生まれる事情があったと思われます。この当時、九州各地で戦いが繰り返されて、負けた方は奴隷とされたことを示しています。

このように紀元前後には、北部九州に奴国や伊都国などのクニが成立しており、その一部が楽浪郡を介して漢王朝と交渉をはじめていたことがわかります。

戦争のはじまりと環濠集落の出現

狩猟採集に基礎をおく縄文時代には、争いの経済的な動機がとぼしく、集団と集団とがぶつかり殺し合う戦争はありませんでした。専用の武器を作らなかったし、ムラの守りを固めることもありませんでした。殺されたことが確かな埋葬人骨もほとんどありませんでした。

しかし、弥生時代になると、人骨が腐食して消えて青銅器や石製の剣や戈の切っ先だけが残る墓（武器を人体に刺突した際に先端が折れて体内に残ったもの）は、北部九州だけでも一〇〇例以上ありました。

　佐賀県吉野ヶ里遺跡や福岡県筑紫野の隈《くま》・西小田《にしおだ》遺跡などでは、弥生中期（紀元前四〇〇年～紀元五〇年）前葉の男性甕棺数が女性の倍にも達する事実があり、男性が戦闘に参加する機会が多かったことを示すと考えられています。甕棺内に頭部を切断された胴体だけが埋葬されていたと考えられる事例が見つかっており、戦闘の際に敵に首を切られた死体を持ち帰り、埋葬したものと理解されています。こうした墓は前期末～中期前半に多くありました。さまざまな証拠が、弥生時代が戦争のはじまった時代であったことを語っています。

　水田稲作技術の導入により、開墾や用水の管理などに大規模な労働力が必要とされるようになり、生活集団の大型化が進行しましたが、水田稲作のはじまりは、土地と水をめぐる紛争のはじまりでもありました。また、米作りによって富が貯えられ、それを奪い合おうとしました。生産力を高める鉄製農工具や鉄素材の入手や供給ルートの確保などをめぐっても対立が起きたと考えられています。

　このため、集落を防御目的の溝や濠（壕）によって取り囲む環濠《かんごう》集落が現れました。この環濠集落は弥生前期から見られましたが、中期にはこれが発達しました。この環濠は集落の平和を脅かす人間への防御施設でした。中には逆茂木《さかもぎ》という防御施設をめぐらしたものもありました。

この頃、中国大陸や朝鮮半島では、絶えず戦乱がありました。その影響で朝鮮半島、あるいは中国から日本に多くの人々が流れ込んだと推定されています。その渡来した首長集団は、金属器とともに首長集団の仕組み、それに伴う身分秩序、戦闘の仕方、戦闘技術も持ち込んできたようです。

弥生時代前期の唐津の菜畑遺跡で述べたような自給自足の平穏なムラも、弥生時代中期になると、ヒトがヒトを支配するという全く新しい仕組みが、日本に持ち込まれ、ここに日本でも本格的な格差社会がはじまってきました。鉄器文化を受け入れることは大いに農耕が促進された反面、身分制や戦争といったことも抱え込むという、いずれも文明圏に特有の現象が日本にも現れてきたのです。

弥生早期の環濠集落は北部九州に限って存在しましたが、水田稲作の東方への伝播とともに、弥生前期（紀元前八〇〇年～紀元前四〇〇年）のうちに関東地方まで広がり、九州地方から関東（群馬県・千葉県）・中部（長野県）・北陸（新潟県）地方までの広い範囲で、五〇〇ヶ所以上確認されています。

この環濠集落は弥生時代中期（紀元前四〇〇年～紀元五〇年）になると数が増加し面積も拡大しました。畿内地域では、広さ二～三ヘクタールの大きな集落が、およそ五キロメートルの間隔をおきながら点々と分布していました。そのうちに、これら大きな集落のなかでも特別に巨大なものが出現しました。

クニとその連合の形成

弥生中期から後期には、北部九州や近畿中枢部などでは、巨大環濠集落を中心に、鉄素材や先進文物の入手などをめぐって、集団間の統合や連合が進み、クニと呼ばれる政治的なまとまりが形づくられつつありました。

福岡県春日市一帯に須玖《すぐ》岡本遺跡群と呼ぶ巨大遺跡群があり、その一帯が前述の中国史書にも登場した奴国王の政治・祭祀・経済活動の中心でした。須玖岡本D地点墳墓に葬られた人は、楽浪郡を通じて前漢王朝への朝貢をはじめたようで、紀元五七年に後漢に朝貢して、金印を授けられた奴国王の数代前の王であったのでしょう。

福岡県の糸島平野の奥部にある糸島市三雲《みくも》・井原《いわら》遺跡群は伊都国の王都でした。同遺跡は、東西六五〇メートル、南北一・二キロメートル、面積四〇ヘクタールにおよぶ三重の濠で囲まれた巨大環濠集落であり、南端に三雲南小路《みなみしょうじ》墳墓と井原鑓溝《やりみぞ》墳墓の王墓があります。三雲南小路墳墓は一辺三二メートルの方形墳丘墓で、各王墓には、青銅製武器、前漢鏡、ガラス壁、金銅四座飾金具、ガラス勾玉など豊富な副葬品がありました。伊都国出土の弥生時代の漢鏡は、総計一三〇面以上と奴国を圧し、伊都国の重要さを物語っています。

長崎県壱岐市の原《はる》の辻《つじ》遺跡は、弥生時代前期から古墳時代初期にかけての大規模環濠集落を中心とする遺跡で、後述する『魏志倭人伝』に登場する「一大国」の国都とみなされています。遺跡全体の総面積は一〇〇ヘクタールにも及ぶ広大なもので、壕の外西北では日本最古の船着き場の跡も発掘され、中国鏡、戦国式銅剣、貨泉《かせん》などの中国の銭貨（新の王莽時代の貨幣）などが出土し、大陸交易の重要国であったことがわかります。

紀元前一世紀には、北部九州だけでなく、各地でクニと呼ばれるような政治的まとまりが形成されはじめていました。

弥生中期にできた唐古・鍵遺跡は、奈良盆地中央部（奈良県田原本町）に立地する環濠集落遺跡で、遅くとも紀元前一世紀には奈良盆地全域ないしそれを二～三分する範囲を領域とするクニが成立し、その王都でした。遺跡面積は約三五ヘクタールあり、四条の環濠からなる幅一〇〇～一五〇メートルもの環濠帯をめぐらし、その中に大型建物の跡地や青銅器鋳造炉など工房の跡地が発見されました。全国からヒスイや土器などが集まる一方、銅鐸の主要な製造地でもあったと見られ、弥生時代後期の日本列島内でも重要な勢力の拠点があった集落ではないかと見られています。

大阪府の池上曽根《いけがみそね》遺跡や愛知県の朝日《あさひ》遺跡などの大環濠集落もクニの王都ともいえる拠点で

した。さらに兵庫県加茂《かも》遺跡、神奈川県大塚《おおつか》遺跡、佐賀県吉野ヶ里《よしのがり》遺跡なども巨大環濠集落でしたから、拠点集落であったと考えられています。こうした動きは、一世紀にかけて各地でさらに進行し、二世紀にはより大きな統合へと進みつつありました。

弥生後期の二世紀から三世紀前半にかけて発達した山陰の四隅突出型墳丘墓《よすみとっしゅつがたふんきゅうぼ》や、吉備の円形墳丘墓と特殊壺・特殊器台は、山陰や吉備などの広い範囲にわたって首長たちが地域的な政治連合を結んでいたことをうかがわせます。

出雲の四隅突出型墳丘墓と吉備の円形墳丘墓

山陰地方の弥生墳墓を特徴づける形態は、図八の①のように、(長)方形の四隅に張出しを付けて斜面を貼石《はりいし》で化粧するもので、四隅突出型墳丘墓と呼ばれています。このような四隅突出型墳丘墓は、出雲・伯耆・備後北部に集中し、近畿北部をとばして北陸地方にも一定数が分布していて、現在までに三八基が発見されています。墳丘墓側面には貼石を貼りめぐらし、古墳時代以前の墓制ではもっとも高い土木技術が駆使されており、日本海沿岸という広域で墓形の規格化が進んでいました。有力な首長墓は四隅突出型墳丘墓に統一され、弥生後期後半の二世紀後半から三世紀前半にかけてもっとも大型化し、その代表が島根県出雲市の西谷《にしたに》三号墳で、方形部は東西四二メートル×南北三五メートル、高さ五メートル、突出部の付け根の長さを入れると一辺五〇メートルです。
　中心埋葬施設の上部には葬送儀礼で使った土器が大量に集積されており、土器は地元産を中心に、山陰東部の器台・高杯・壺を含み、吉備から運ばれた特殊壺と特殊器台《とくしゅきだい》もありました。出雲西部の有力首長の葬送に、山陰東部や吉備の首長らが参画していたようで、彼らは生前から政治的な絆で結ばれていたのでしょう。

　この四隅突出型墳丘墓文化圏の山陰では、最近、この時代の大型遺跡が次々と発掘されています。一九九〇年代末に発見された鳥取県の大山町《だいせんちょう》と淀江町《よどえちょう》にまたがる妻木晩田遺跡《むきばんだいせき》群は一五六ヘクタールもある国内最大級の弥生集落遺跡で、これは発掘当時国内最大級と

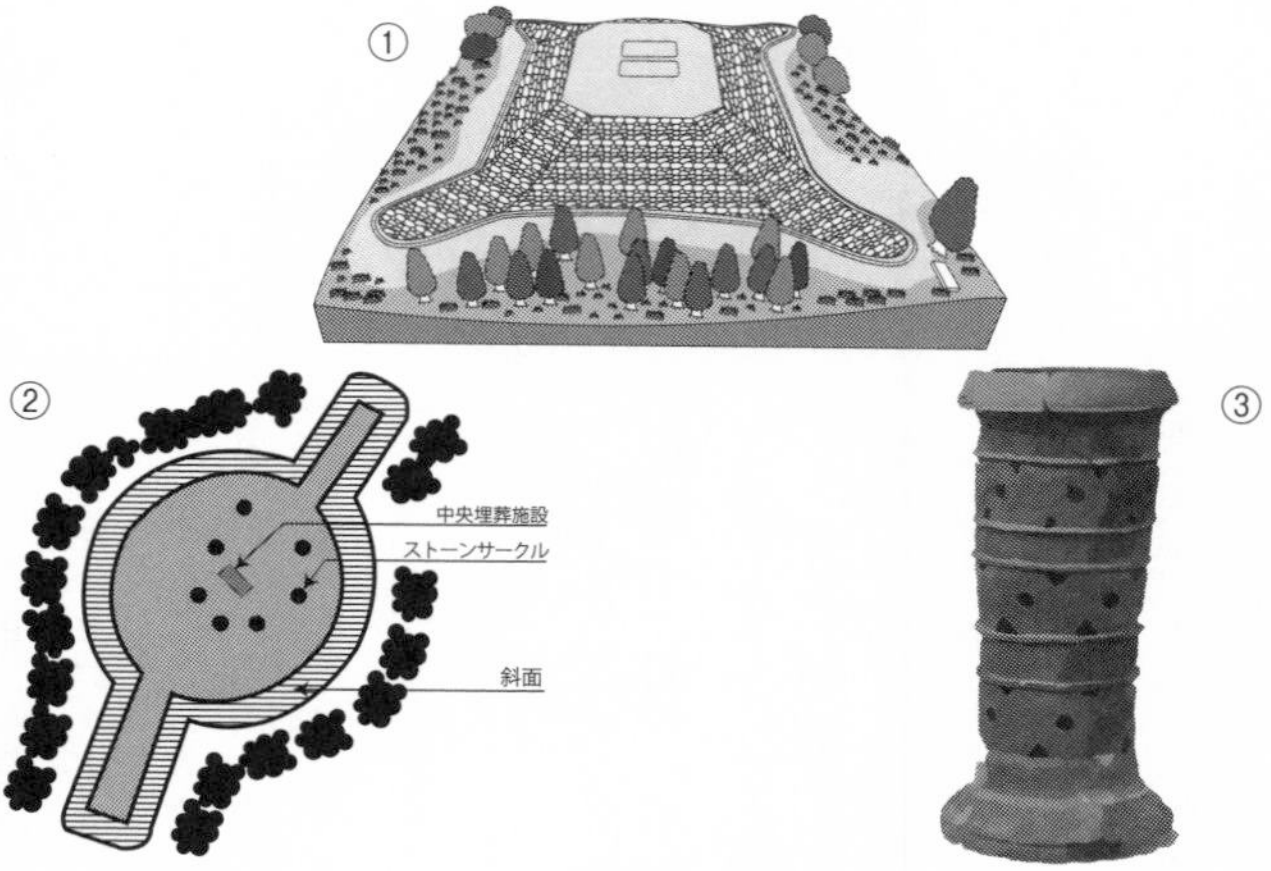

図八　①四隅突出型墳丘墓と②楯築墳丘墓と③特殊器台

言われた吉野ヶ里遺跡（現在は調査が進み七〇ヘクタールぐらいはあります）の二倍以上にもおよぶ大規模なものです。この妻木晩田遺跡からも四隅突出型墳丘墓（洞ノ原地区東側丘陵）が発見されていますので、山陰の出雲地方から北陸の能登半島にまで拡がっていた古代出雲の文化圏に入っていた考えられます。

また、最近、発掘された鳥取市の青谷上寺地遺跡も出雲文化圏に入っています。この青谷上寺地遺跡は、弥生時代の集落跡で膨大な数の土器以外に、鉄器、青銅器、木器、石器、骨角器、管玉、碧玉、勾玉、各種装身具、丸木舟、漁具など多彩で、二〇年間に数十万点もの遺物が発見され、「弥生の地下博物館」とも呼ばれています。

瀬戸内東部の岡山や兵庫、香川では、弥生中期後半に円形周溝墓が現れ、後期後半には大型円丘墓が登場しました。その代表が倉敷市の楯築《たてつき》墳丘墓で、高い独立丘上に立地し、図八の②のように、径四三メートル、高さ五メートルの円丘の両側に方形の突出部を持つ全長八〇メートルのきわだって大きい双方中円形墳《そうほうちゅうえんけいふん》です。墳頂を大きな列石が囲み、墳丘斜面には貼石がありました。墳頂の中央には、木槨《もっかく》で囲んだ中（棺のまわりを木材で取り囲んで造った墓室）に箱形木棺が安置されており、木棺の底に大量の朱が敷き詰められていて、副葬品は鉄製短剣と装身具でした。墳頂に図八の③のような祭祀用に特製した大型の特殊器台と特殊壺が樹立されていました。

特殊壺と特殊器台は、食物を容れる壺とそれを高く捧げる器台という農耕祭祀の道具が大型化し、呪術的な文様を飾る埋葬儀礼用の祭器へと発展し、美作・備前・備中・備後の地域に広まりました。吉備の首長たちは、葬送儀礼を共通させる地域的な連合を結んでいたようで、楯築墳丘墓はその盟主の墓だったようです。

また、吉備の楯築墳丘墓と出雲の西谷墳墓群はほぼ同時期に存在したと推測されていますが、弥生後半の二世紀から三世紀前半にかけて山陰や吉備などの広い範囲にわたって首長たちが地域的な政治連合を結んでいたことをうかがわせます。なお、出雲の四隅突出型墳丘墓や吉備の楯築墳丘墓の双方中円形墳は、のちの前方後円墳の創造に影響を与えたと考えられています。

若狭湾から大和への道は鉄器の道

次に近畿圏に入りますと、最近、滋賀県彦根市の稲部《いなべ》遺跡で弥生時代終末から古墳時代初め（三世紀前半）の鉄器工房群の遺構が発見されました。鉄器工房は三〇棟以上ある竪穴建物群で、うち二三棟の床面から鉄片や鉄塊が見つかりました。鉄の延べ板を朝鮮半島から取り寄せ、武器や農具、工具を作っていたと考えられます。前述しましたように、日本海側ルートで、若狭湾で陸揚げし、琵琶湖畔の彦根の工房に運び、ここで加工し、製品を大和とか北陸とか東海に供給していたとみられています。稲部遺跡が最も栄えた時代は、中国の歴史書『魏志倭人伝』

に出てくる邪馬台国の時代と重なります。

大和では、纏向《まきむき》遺跡（奈良県桜井市）が発見されています。纏向遺跡は、奈良県桜井市の三輪山の北西麓一帯にあり、弥生時代末期から古墳時代前期にかけての集落遺跡で面積は三〇〇ヘクタールにおよびます。この少し北の田原本町には、弥生時代中期から環濠集落の唐古・鍵遺跡があったことは述べましたが、この集落は古墳時代に入っても続いていました。

愛知県清須市・名古屋市西区にまたがる朝日《あさひ》遺跡は、縄文時代末期から古墳時代まで存在した集落遺跡で、とくに弥生時代中期の初頭〜後半にかけては、他の集落の住民の襲撃に備え、強固な防御施設を建設していたことがわかりました。それは、環濠、柵列、逆茂木《さかもぎ》、乱杭などで、集落を二重、三重に囲む強固なもので、日本の弥生中期遺跡としては最大級でした。銅鏃や鉄器（斧）が出土し、銅滴《どうてき》（銅が滴《したた》って固まった置物）が出土した北環濠集落では青銅器が作られた可能性があります。

以上のように、弥生後期後半には、各地の有力首長は、それぞれ地域色の強い相当規模の墳丘墓を営むようになりました。北部九州・吉備・山陰・丹後・近畿中枢部・濃尾平野など各地で、地域的な政治連合があらわになりはじめていました。

第四章　天皇制国家・日本の成立

《一》古墳時代（三世紀）

古墳時代とは

古墳時代の時期区分は、日本独特の前方後円墳が盛んに作られた時代です。古墳時代は一般に三世紀半ば過ぎから七世紀末頃までの約四〇〇年間を指すことが多いのですが、本書ではこれから述べます邪馬台国が実質、倭国を統治していたことを考慮して、三世紀初めから古墳時代の開始と見ています。中でも三世紀半ば過ぎから六世紀末までは、前方後円墳が北は東北地方南部から南は九州地方の南部まで造り続けられた時代であり、前方後円墳の時代と呼ばれることもあります。また、この時代は日本の建国の時期であり、その点からもきわめて重要な時期です。

記紀の建国神話

『自然叡智　人類の叡智』（二九三ページ参照）では、多くの国の建国の歴史を見てきましたが、いずれの国でも古来、建国神話から歴史が始まっていました（たとえば、ローマはロムレス、レムスの物語から）。しかし、現代ではいずれの国も神話はその国の文化として、建国史はその国の歴史として区別していますが、日本ではまだ、そこが混然一体、曖昧なままです（日本では曖昧にして先送りする国民性のようで、それが現在も続いているようです）。

日本では、天を治める天照大神が地上を治めるために天降《あまくだ》らせた、その子孫である神武天皇《じんむてんのう》が紀元前六六〇年（辛酉年《しんゆうねん》）二月一一日に即位して、日本を建国したとなっていますが、これは『古事記』、『日本書紀』（合わせて記紀と言います）での神話であります。

まず、『日本書紀』によりますと、神日本磐余彦天皇（カムヤマトイワレビコ）は四五歳（数え年）の時、天祖ニニギが天降って一七九万二四七〇余年になるが、遠くの地では争い事が多く、シオツチノオジによれば東に美しい国がある。そこへ行って都を作り国を治めたいと思い、東征に出て、いくたの戦いを勝ち抜いて神武天皇として即位したとなっています。

また、『古事記』によりますと、神倭伊波礼毘古命（カムヤマトイワレビコ）は、兄の五瀬命（イツセ）とともに、日向（現宮崎県）の国高千穂で、葦原中国《あしはらのなかつくに》を治めるにはどこへ行くのが適当か相談しました。その結果、東へ行くことにしました。こうして東征に出て、荒ぶる神たちや多くの土蜘蛛《つちぐも》（豪族）を服従させ、カムヤマトイワレビコは畝傍《うねび》（奈良県橿原《かしはら》市の畝傍山）の白檮原宮《かしはらのみや》で神武天皇として即位したとなっています。

第二次世界大戦後、記紀のこの部分は神話として否定されています。この記紀の神話の設定は、中国の前漢から後漢に流行した讖緯説《しんいせつ》に因《ちな》んでいます。

この讖緯説とは、干支《えと》が一周する六〇年を一元《げん》と言い、二一元を一蔀《ぼう》として算出される一二六〇年（＝六〇×二一）の辛酉《しんゆう》の年に、国家的革命（王朝交代、辛酉革命）が起きるという中国の謂《いわ》れに基づいたものです。推古《すいこ》天皇（在位：五九三〜六二八年）が斑鳩《いかるが》に都を置いた西暦六〇一年（辛酉年）から一二六〇年さかのぼった紀元前六六〇年（辛酉年）を、神武天皇即位の年として起点設定しただけのことでなんら根拠があるわけではありません。

実態は、前述しましたように、天祖ニニギが天降った一七九万二四七〇余年前とは、本書で述べてきましたように、アフリカでホモ・エレクトスのツルカナ・ボーイが生きていた時代です。神武天皇が即位した紀元前六六〇年といえば、畿内の河内平野に水田稲作が伝播してきてた時期で貧富の差もなく、武力による殺傷もあまりない時期で、こんな時期に神武天皇の東征も即位もあるはずはありません。いずれも根拠のない神話です。

では、日本の本当の建国はいつだったのでしょうか。日本において、国家の形成といっても、いくつかの段階が考えられます。まだ、文字のない時代であり、現在までに発掘された考古学的資料や中国の文献、周辺諸国の歴史的状況、現在ではゲノム分析などを総合的に勘案してそれを推定するしかありません（現在、二月一一日を建国記念日としていますが、これは一九六六年〈昭和四一年〉「建国記念の日となる日を定める政令」により、二月一一日が〝建国されたという事象そのものを記念する日〟として「建国記念の日」が定められています）。

『魏《ぎ》志《し》倭《わ》人伝《じんでん》』が伝える邪馬台国

再び中国の史書『魏志倭人伝』に、三世紀はじめの倭国（日本）の状況が詳細に記されていました。それによりますと、二三八年に邪馬台国の女王・卑弥呼の特使・難升米が魏の皇帝（第二代皇帝曹叡《そうえい》）に謁見し、倭国王・帥升らの朝見から七〇～八〇年経ていましたが（ということは、一七七～一八七年ということになります）、倭国は乱れ、何年も攻め合いました。そこで、一人の女子を共に王に立てました。名は卑弥呼と言います。倭国は、「倭王」である女王・卑弥呼のもとで邪馬台国が三〇余りの小国を統属していると述べました。

これに対して魏の皇帝は制書を発して卑弥呼に鉄の五尺刀二振と銅鏡一〇〇枚の下賜品を与えるとともに、卑弥呼を「親魏倭王」に任じてその証である金印を与えました。つまり、卑弥呼は魏の皇帝の権威を倭国の統治に活用しようとしたのでしょう（この銅鏡は日本各地で発見されています。金印は発見されていません）。

倭国の大乱については、他のいくつかの中国史書にも記されており、時期は一八〇年代で、地域は特定されていませんが、列島規模であったとする見方もあり、日本史上初の大規模な戦争（内戦）だとする意見もあります。

しかし、具体的な事象はわかっていません。弥生後期に北部九州から北陸・中部・東海地域などといった広い範囲に高地性集落、つまり、弥生時代の一般的な集落からみて遙かに高い場所（平地からの比高差が五〇～三〇〇メートル以上）に営まれるという現象が起きました。いわゆる倭国大乱は、各種の史書に記載された年代がおおよそ二世紀後半～末に当たります。このため高地性集落の盛行は倭国大乱を原因とするものだという理解が主流でしたが、しかし、倭国大乱と高地性集落とは時代的に整合的ではなく、倭国大乱とは無関係とする意見も出ています。いずれにしても倭国大乱については、まだ、明確にはなっていません。

（二〇二一年五月二九日ＮＨＫ・ＥＴＶ特選『誕生ヤマト王権～いま前方後円墳が語り出す～』の中で名古屋大学の中塚武教授が、樹木に含まれる物質から過去の気候変動を研究してきましたが、この倭国大乱が起きた弥生末期は、降水量が多い時代で、水田が水につかってお米が採れなくなる、あるいは集落が水に流されることが頻発し、現在、我々が直面しているような非常に大きな気象災害、洪水と言ったものが毎年繰り返し起きていた可能性も考えられると天災による未曽有の混乱があったと述べていました。

もし、そうだとすれば、毎年襲ってくる大災害を避けるために集落を高地に移したことも考えられます。もともと当時の水田は低地にありましたが、低地は治水が整っているわけではなく、湖沼、湿原のままで、大雨が降ればすぐ水につかって、大凶作となり、それが何年にもなると、騒乱も起きたかもしれず、その対策を話し合うためにクニグニが集まったが、まとまらず、騒乱になったかもしれません。その問題と後述する鉄源の問題もあったかもしれません。

いずれにしても、倭国大乱と高地性集落については、今後も研究が必要です）。

大乱の原因として、まず想定されるのは、朝鮮半島から輸入する鉄素材や先進文物の配分をめぐって、北部九州勢力と畿内勢力が対立し、その調整役の倭国王の承継をめぐって争いに発展したかもしれません。共に卑弥呼を立てたということは最後の勝敗を決める段階にはいかないで妥協したということでしょう。

日本には六世紀後半に朝鮮半島を経由して製鉄技術が伝わり、当初は赤鉄鉱石粒を使っていましたが枯渇し、九世紀から微粉で難還元性の砂鉄（磁鉄鉱）を利用する技術が開発されました。しかし、その六世紀までの倭人たちは、『魏志』東夷伝の弁辰《べんしん》条に「国（弁辰のこと）鉄を出す。韓・ワイ・倭、皆従いてこれを取る」と記されていますように、この弁辰（朝鮮半島東南部の弁韓）、すなわち、後の任那《みなま》・伽耶《かや》の地域から鉄素材（鉄のインゴット〈鋳塊〉）を輸入していたのです。

このことは、四～五世紀の日本の古墳からも加耶の古墳から出土するものと同じ鉄のインゴットが多量に出土している事実からも明らかです。この輸入された鉄素材を日本の加工場で溶かし、武器や農具に加工していたようです。

弥生時代後期には、玄界灘沿岸地域の遺跡から鉄器が大量に出てきますが（最近、山陰の遺跡からも鉄加工の跡が発見され出しました）、瀬内海沿岸各地方や近畿地方の遺跡からはごくわずかしか出てきません（後述しますが、瀬戸内海の大陸航路が開かれたのは五世紀になってからです。それまでは、前述しましたように朝鮮半島、北部九州、山陰、北陸の日本海ルートでした）。

つまり玄界灘沿岸地域が鉄資源入手ルートを押さえていたと推定されています。それゆえに、資源の入手ルートの支配権を巡って争いが起こったのではないかと考えられています。

『自然の叡智　人類の叡智』の世界の古代国家の形成で述べましたが、メソポタミア、エジプト、中国でも、金属器（青銅器、鉄器）の使用によって農地開拓が進み、強力な武器が発明され、戦争が熾烈になり、国家統一が早まりました。その状況は弥生時代の日本においても同じで、鉄素材が手に入るか入らないかはクニの王などにとって死活的なことだったと推察されます。

そこで二世紀後半、朝鮮からの輸入の窓口を北部九州が独占していたものを西日本の各国がこぞって鉄源を要求し、動乱が起こった可能性はあります。この大乱を収めるため（妥協を成立させるため）、二世紀末頃、邪馬台国の卑弥呼が三〇余国から推戴されて女王となり、邪馬台国を盟主とする邪馬台国連合とでも呼ぶべき連合が成立したのでしょう。

したがって、邪馬台国の卑弥呼が政治をとりはじめたのは、だいたい紀元一九〇年頃と考えられています。この邪馬台国連合は、少なくとも近畿中枢、瀬戸内、山陰、北部九州におよびました。卑弥呼は外交権と、原料鉄や先進文物を入手し分配する権限を掌握するに至ったのでしょう。

しかし、この時点では邪馬台国連合にくみしないクニグニもあったようです。前方後方墳や伊勢湾系の土器の分布から、三世紀前半頃、濃尾平野を中心に東海・中部高地・北陸・関東におよぶ東日本の広域が文化的・政治的にまとまっていた可能性が高く、狗奴国《くなこく》連合（後述します）とでも呼ぶべき政治的連合が形成されていたのではないかと考えられています。このことも、先の『魏志倭人伝』からわかりました。

邪馬台国をめぐる九州説と大和説

古来、問題となるのが邪馬台国がどこにあったかということです。江戸時代の新井白石、本居宣長の時代から九州説と大和説があり、いまだ結論が出ていません。

『魏志倭人伝』には、朝鮮半島の帯方郡から倭の邪馬台国へ至る道順が詳細に記されていました。以下、それを記します（図九参照）。

「倭人は帯方（朝鮮半島の帯方郡）の東南の大海に在り、山島に依って国邑とし、もとは百余国で、漢の頃から大陸への朝貢があり、（記述の時点では）三〇箇国が使者を通わせている。（帯方）郡より倭に至るには、海岸に循《したが》いて水行（航海）し、韓国を歴《へ》てあるいは南しあるいは東し、七千余里で、その北岸狗邪《くや》韓国に到る（朝鮮半島南端の弁辰の一国狗邪韓国でしょう。倭王卑弥呼の時代に、倭人居住地があったようです）。はじめて一海を度《わた》る。千余里で対海国（対馬）に至る。其の官を卑狗《ひく(こ)》といい、副を卑奴母離《ひなもり》という。居る所は絶島、方四百余里ばかり。千余戸有り。山は険しく、道は獣道のようで、林は深く、良い田畑がなく、海産物で自活。船で南北岸の市へ行く。

（このように後述する伊都《いと》国と狗奴《くな》国以外の国は王の名はなく、官と副の名が記されているので、女王国、つまり邪馬台国の傘下にあったことがわかります。倭国は単なる国家の連合体ではなく、一つの国家を形成していたことがわかります。以下の国については、官や副の名前や其の地の状況については省略します）

又《ま》た南一海を渡る。千余里で一大国（壱岐）に至る。三千許《ばか》りの家有り。

又た一海を渡る。千余里で末盧《まつろ》国に至る。四千余戸有り。（末盧国は、肥前松浦郡にあった国で唐津付近でした）

東南へ陸行し、五百里で伊都国に至る。千余戸有り。世々《よよ》王有るも、皆な女王国に統属す。（帯方）郡使の往来に常に駐《とど》まる所なり。（伊都国は、筑前前原《まえばる》市〈現糸島市〉付近。伊都国に代々王はいましたが、女王国〈後に述べる邪馬台国〉に統属していました。帯方郡使〈魏使〉

は伊都国まで来て常駐しました。伊都国は邪馬台国の外交部の役割を果たしていました。『魏志倭人伝』の原資料筆者もここまで来て、ここで倭人から話を聞いて書いたものと思われます。確かにここまでは詳しく書かれていますが、その後は詳しくありません）

東南、百里で奴国《なのくに》に至る。二万余戸有り。（五七年に光武帝から金印を授与された奴国でしょう。二万余戸とは、その後大いに発展したようです）東行、百里で不弥《ふみ》国に至る。千余家有り。

図九において奴国までの道順で歴史家の意見に大差なく問題はありません。問題はこの先です。続けますと、

「南に水行（航海）二〇日で投馬国に至る。五万余戸ばかり。南に水行（航海）一〇日陸

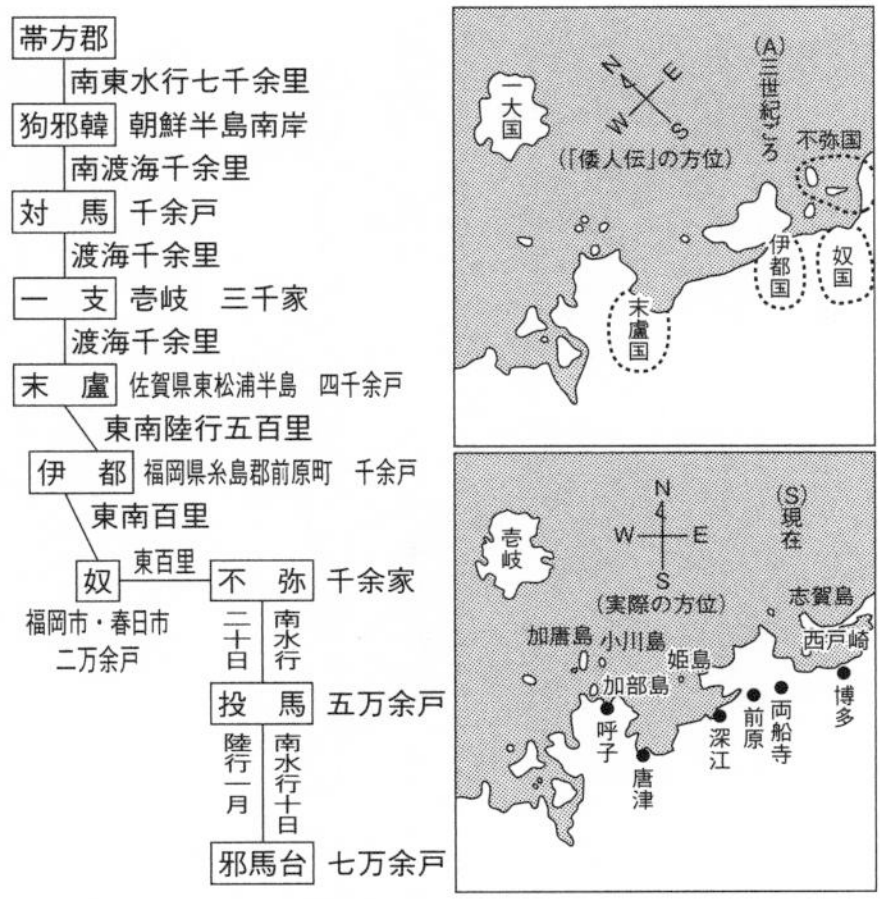

図九　帯方郡から邪馬台国までの道のり

行一月で邪馬台国、女王の都する所に至る。七万余戸ばかり。女王国より以北、その戸数、道里、略載するべきだが、その余の国は遠絶にして、詳《つまびら》かにするを得べからず。〈戸数、道順、概略を書くべきだが、遠くに在って国名だけしか分からないといって、二一ヶ国の名を上げ〉此れ女王の境界の尽くる所なり。其の南に狗奴国有り。男子を王と為す。其の官に狗古智卑《くこちひ》狗《く(こ)》有り。女王に属せず。（帯方）郡より一万二千里で女王国に至る」となっています。

最後の狗奴国は女王に属せずと言っていますが、それ以外で王がいるのは伊都国だけで、後はすべて官とか副の名前が書かれているので、女王国＝邪馬台国ではなく、女王国＝倭国であると考えられます。伊都国は邪馬台国の外交を受け持っていて、王はいましたが、この王も代々女王国に統属すと書かれています。

つまり、倭国全体が女王によって統治されていたことがわかります。最後に出てくる狗奴国だけは、男子王がいて、女王国に属していなかったのです。

ここで問題は、「南に水行（航海）二十日で投馬国に至る。五万余戸ばかり。南に水行（航海）十日陸行一月で邪馬台国、女王の都する所に至る。」のところです。この文章に忠実に従うと、九州北部の不弥国から、南に船で二〇日で投馬国（五万余戸ですから、邪馬台国七万余戸につぐ大きな国です）、さらに南に船で一〇日、陸路を一月で邪馬台国に至るとなっていますが、九州北部から、船で南に行くと、たとえば、門司―行橋《ゆくはし》―豊前《ぶぜん》―中津―宇佐《うさ》と行っても投馬国らしい国は見当たらないし、九州説の筑後山門《やまと》郡説も近すぎて無理でしょう。それに邪馬台国に着いても二一ヶ国もその周辺に国があるとなると、九州だけでは収まらないでしょう（吉野ヶ里遺跡は弥生時代中期の遺跡で時代が異なるので、邪馬台国の候補から外れます）。

都出比呂志著『古代国家はいつ成立したか』（岩波書店、二〇一一年刊）によりますと、当時、中国では図一〇（この地図そのものは李氏朝鮮で一四〇二年に描かれました）のように倭国島は南北に長い島（九州の南に長くなった島であり、方向が九〇度東に反転していました）というのが常識になっていましたので、『魏志倭人伝』の原資料を書いた筆者も伊都国にいて（邪馬台国に行かないで）、倭人から聞いたことを記したのでしょうが、南に長い島という先入観から、「南」と書いたのではないかと考えられるという説があります。前述の「其の南に狗奴国有り」と、ここでも南としています。つまり、本人は字を誤ったのではなく、南と思って書いたのではないでしょうか。その証拠に『魏志倭人伝』には邪馬台国は伊都国や奴国より南にあるとする記述が三ヶ所あり、また会稽《かいけい》（浙江省紹興市付近）東冶の東（緯度的にはほぼ沖縄県、つまり図一〇の琉球に一致します）にあるとしていることなどから勘違いしていることがわかります。

つまり、ここは「東」と書くべきだったのではないでしょうか（『魏志倭人伝』には、誤字もいろいろ発見されています）。

筆者（本田）は、『魏志倭人伝』の原資料を書いた筆者は邪馬台国が南に長い一体の島という先入観から、東を南と書いたと考えて、「（南でなく）東に水行（航海）二十日で投馬国に至る。五万余戸ばかり。（ここも南でなく）東に水行（航海）十日陸行一月で邪馬台国、女王の都する所に至る。」と書くべきだったとして以下を続けます。

九州北部から東へ船で二〇日、ここで、瀬戸内海を二〇日行けば投馬国（たとえば吉備国）、それから船で大阪湾まで一〇日、陸上を一月で（一月は長すぎる気もしますが）邪馬台国に至ると考えられます。

しかし、海洋の専門家によりますと、当時の瀬戸内海では、多島海の急流や渦潮の海峡

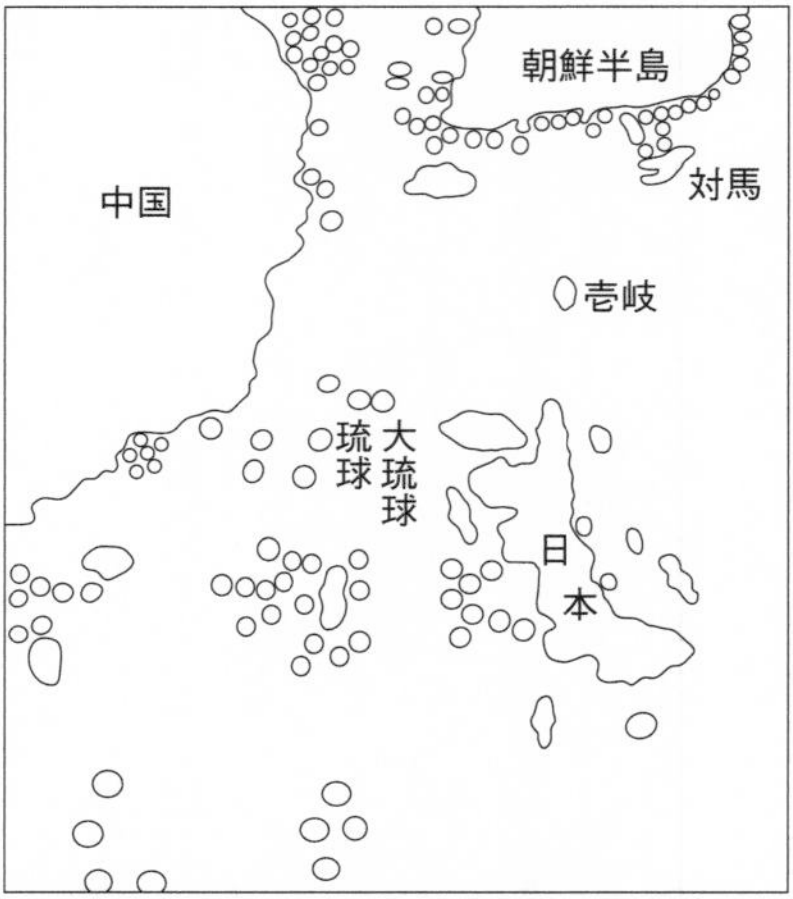

図一〇　「混一彊理歴代国都《こんいつきょうりれきだいこくと》之図《のず》」に見る日本列島の「位置」

など、細かく船をつないでいく必要があり、潮待ち港がないと難しいとのことです。当時はまだ、そのような航路が開拓されていませんでした。後述します四世紀の大和王権は（まさにこのために）河内に遷都して朝鮮出兵のため、瀬戸内海航路の開拓につとめました。そのため現在の堺市に大前方後円墳も作りました〈船の目印にもなりました〉。

弥生時代は朝鮮から日本海沿いの対馬海流にのって交易（鉄素材など）が行われていたことは述べましたが、当時の船では瀬戸内海航路はけっして安全ではなかったことを考えますと、むしろ、日本海側を行くのが普通だったと思います。そう考えますと九州北部から船で日本海側を二〇日行けば投馬国（たとえば出雲国）、それから船で一〇日行けば若狭湾、ここから陸に上がって一月、彦根などを通って大和に入ったことが考えられます。

このルートの途上に、前述しました滋賀県彦根市の稲部《いなべ》遺跡（鉄製品の大産地）が発見され、大和では、纒向《まきむく》遺跡（奈良県桜井市）が発見されています。

纒向遺跡は、奈良県桜井市の三輪山の北西麓一帯にあり、弥生時代末期から古墳時代前期にかけての集落遺跡で面積は三〇〇ヘクタールにおよびます。東西二キロメートル、南北一・五キロメートルで大阪湾へ至るまで運河が通り、日本列島の物資が集まる大都市だったようです。

纒向遺跡周辺には、纒向石塚古墳、纒向勝山古墳、纒向矢塚古墳、東田大塚古墳、ホケノ山古墳、箸墓古墳などの最初期の前方後円墳が立て続けに建造されていて、木製品の年輪年代測定などから、最初の纒向石塚古墳は遅くとも二二五年頃までには築造されていたことが判明しています。まさにこの地でこの時期に前方後円墳が発明され、すでに古墳時代に入ったことがわかります。これは単なる一地方のクニにできることではありません。以後、纒向型前方後円墳は各地にも築造されており、政治的な関係で結ばれていたとも考えられています。

二〇〇九年、箸墓古墳の北七〇〇メートル、纒向遺跡の中心部で古代史を塗り替える大型掘立柱建物が発見されました。三世紀初め、当時は日本最大の建物であることがわかりました。南北長一九・二メートル、東西推定幅一二・四メートル、面積二三八平方メートル（畳一四四畳の広さ）の高床《たかゆか》建物で、柱穴は一辺一メートル以上、柱も径三〇センチメートルと太く、飛鳥時代の宮殿建物級でした。居館域は東西一五〇メートル、南北一〇〇メートルほどと推定され、大型建物はその中心的建物であったと思われています。付属建物三棟とともに整然と配置されており、三世紀前半に造営され、箸墓古墳築造頃に廃絶したとされています。大型建物群は三世紀中頃までは列島で最大規模を誇り、纒向遺跡の重要人物がいた居館であったと考えられています。

発見されたものは、土器をはじめ数十万点、九州から関東に至るそれぞれの地域の特徴を持つ土器が見つかりました。この当時、纒向ほど全国の土器が出土するところはありません。出てきた土器などの炭素分析の結果、これらは二四〇～二六〇年の間であるという結果が出ました。

この大型建物は邪馬台国の政治・宗教上の中心的施設・王宮であった可能性が高いとみられていて、現在のところ、この遺跡の都市が邪馬台国の大和における最有力候補地として挙げられています。

次に邪馬台国の政治の体制に関することを『魏志倭人伝』は以下のように述べています（以下意訳して述べます）。卑弥呼女王は高齢で夫はなく、男弟が女王を補佐して国を治めました。女王を見るものは少なく、一〇〇〇人の下女が仕え、一人の男が飲食を給し、卑弥呼の居処に出入りして言葉を伝えていました。男弟は卑弥呼からの神託を受けて、実際の政治をとりしきった男王でしょう。卑弥呼が住み祭政をつかさどる宮室は、城柵と物見やぐらを設け、常に兵士によって守衛されていました。

邪馬台国では、「租税を収め、邸閣有り。国国に市有り、有無を交易し、大倭《たいわ》をして之を監せしむ。」このように、邪馬台国には役人組織や租税制度があり、税物を収納する大きな倉庫があり、クニグニ（国々）には物資を交易する市があり、流通を監督する「大倭」という役人がおかれました。

クニグニ（国々）には地方監督官のような役人がおり、さらに諸国を検察する「一大率」が置かれました。一大率は邪馬台国から派遣されて伊都国に常駐し、魏使に対する外交の窓口を務め、文書や賜物を検閲し女王卑弥呼へ伝送する任務を果たしました。

当初は奴国や伊都国など諸国には在地の豪族（王）がおり、また邪馬台国から派遣された大官と副官という地方監督官がいました。諸国の政治体制は、在地の豪族（王）と邪馬台国からの派遣官による二重構造でした。

『魏志倭人伝』によってわかる邪馬台国の政治の体制は以上のようですが、これはもう立派な国家体制と言ってよいでしょう。

卑弥呼はとりわけ北部九州対策を重視しました。彼女は九州諸国から王を一掃し（わずかに伊都国に残しただけ）、非世襲の「官・副」制をクニグニ（国々）に押し付けたのです。最初は旧王家の者としたものの、世襲制を次第に失って、一大率・卑奴母離《ひなもり》（邪馬台国の国境を守備する軍事的長）体制を構築し、徹底して九州諸国の検察支配を行いました。

その後、卑弥呼は、再び二四三年にも、魏に特使を派遣して、生口（奴隷）、倭錦、丹などの貢ぎ物をささげ、賜物を受領しました。

さらに、卑弥呼晩年の二四七年、帯方郡へ使いを送って、かねて敵対していた狗奴国の男王・卑弥弓呼《ひめくこ》と戦争状態に入ったと報告し、支援を要請しました。魏皇帝は、帯方郡役人の張政らを倭に遣わして詔書と黄ドウ（皇帝の指揮に用いる旗、黄は魏の色）をもたらし、率善中郎将の難升米にそれを授け、檄をとばして卑弥呼を支援しました。

狗奴国は、濃尾平野あたりにあったと考えられています。西日本の邪馬台国連合の前方後円墳に対して、狗奴国の勢力は前方後方墳でした。東海地方独自の土器として、S字状口縁台付甕《かめ》がありますが、濃尾・東海・関東の各地から出土していますので、かなり大きな勢力であったようです。そうであると、この勢力が西に向かい朝鮮半島と交易しようとする上で、邪馬台国を中心とする倭国連合は大きな障壁だったでしょう。倭国連合に入っていないことは、鉄素材などの配分においても不利だったのでしょう。

卑弥呼は将来の戦争を予測して、二四五年に黄ドウを賜るよう魏に要請していました。狗奴国が蜂起しても、これにどの国も同調することがないように、狗奴国を一挙に討伐するための魏の〝錦の御旗〟が必要だったのでしょう。魏はこれに応えたことは言うまでもありません。

やがて倭王・卑弥呼と狗奴国との間で戦争が勃発しました。この時、帯方郡から、すでに二年前に届けられていた魏の黄ドウが卑弥呼の大夫・難升米に仮授されました（天理市柳本《やなぎもと》の前方後円墳・黒塚古墳〈一三〇メートル〉から、その黄ドウの部分ないし部品らしきもの〈U字形の鉄具〉が、三四枚の銅鏡とともに出土しています）。こうして、女王国軍は魏の黄ドウを〝錦の御旗〟にして狗奴国軍と戦ったようです。

『魏志倭人伝』はその戦争の結末は記していませんが、その後の状況をみると、女王軍が勝利したものと思われます。狗奴国の王族・支配者階級は一族みな死刑になったり捕虜・奴隷にされたりしたことでしょう。

卑弥呼はもう高齢でしたから（倭国大乱後から女王をしていますから）、戦後、すぐに亡くなったと思われます。『魏志倭人伝』は、最後の段落で倭国後日談として、「卑弥呼以《すで》に死す。大いに家を作る、径百余歩。殉葬する者、奴婢百余人。」と記しています。

狗奴国を倒して、かつてない広域の倭国政治連合が成立するとほぼ時を同じくして、三世紀半ば（二五〇年頃）には卑弥呼がその生涯を終えました。径一〇〇余歩の大きな墳墓が造営され、奴婢一〇〇余人が殉死しました。倭国＝女王国、つまり邪馬台国に大勝をもたらし、その後に死んだ（たぶん老衰だったでしょう）カリスマ女王をたたえていることがわかります。

この時期、ひときわ大きい箸墓《はしはか》古墳《こふん》が建造されていますので卑弥呼の墓である可能性が高いのですが、それは卑弥呼の死と首長連合の版図の著しい拡大（濃尾から東日本に拡大したのですから、ほぼ日本全土に及んだことになります）を契機になされた新しい政治連合の形成を象徴する記念物であったのかもしれません。

（現在、この箸墓古墳の被葬者として宮内庁より倭《やまと》迹《と》迹《と》日《ひ》百《もも》襲《そ》姫命《ひめのみこと》が治定されています。記紀によると、この女性は、後述する欠史八人のうちの第七代の孝霊天皇の皇女で、巫女的な女性であったとされています。しかし、この女性が当時の倭国で最大の箸墓古墳にどうして葬られることがありますでしょうか〈まだ、天皇という存在はありません〉。この時期、卑弥呼以外には考えられませんが、現在のところ、発掘調査などができないので決め手がありません）。

二〇二一年五月二九日ＮＨＫ・ＥＴＶ特選『誕生ヤマト王権～いま、前方後円墳が語り出す～』によりますと、箸墓古墳は宮内庁の所管で発掘調査などはできませんが、航空機を使ったレーザー立体写真技術や宇宙線ミューオンを使った透視技術などで測量調査を行ったところ、箸墓古墳の外形形態が正確につかめました（森になっている表面の植生が映らず、地形がそのまま見えます）。それによると箸墓古墳は想像以上に計算された幾何学的な構造で鍵穴の方向から見ると正確に四～五段の階段ピラミッドになっていることがわかりました。池の水を干したら多くの石が出てきましたが、これは古墳が作られたときには、出雲の四隅突出墳丘墓のように、全表面が葺《ふ》き石で覆われていたこと、形態については吉備の楯築丘墓の双方中円形墳《そうほうちゅうえんけいふん》の一方の方墳を取ったもの、前方の方墳の上では円筒埴輪や特殊器台を並べて祭祀を行っていたこと（土器の破片や三角縁神獣鏡などが沢山出てきました）、積み石の仕方は香川県の鶴尾神社四号墳の積み石の仕方に似ていることなどがわかり、当時の各地の墓の技術を融合して創造された日本独特の古墳であったと述べていました。ということは専門の人がきちっと設計し築き上げなければできないことです。

四五〇年も後に書かれた『日本書紀』（天皇家の歴史書に書かれていることに注目）も箸墓

古墳の建造について触れていて、「墓は昼は人が作り、夜は神が作った。（昼は）大阪山の石を運んで作った。山から墓に至るまで人々が列を並び手渡しをして運んだ。」と記されています。このように築造の様子が事細かく記されているのは箸墓古墳だけでしたが、もちろん、邪馬台国や卑弥呼ではなく、天皇家のものとして記されています。

さらに箸墓古墳が出来た直後から、会津地方の杵《きね》ガ森古墳のように箸墓古墳のピッタリ二分の一の相似形の前方後円墳が作られ始めたということは、専門家が設計図を持っていって、ここでは二分の一、ここでは六分の一というように、共通の認識があってそれで造営されているということで、そのような完全な相似形の前方後円墳だけでも、東北から九州まで現在までにわかっているだけで二二基あるとのことでした。

しかも後の天皇の時代になると、天皇の代替わりごとに前方後円墳の若干のモデルチェンジがあり（形を少し変えている）、そのたびにヤマト王権は連合の証（領国支配）として、そのモデルチェンジした形を与えていることもわかりました。地域の首長（豪族）はそれによって自らの地域でも首長権のお墨付きをもらうという政治的な結びつき、ギブ・アンド・テイクが成り立っていたようです。たとえば、東京タワーの前の公園にある芝丸山古墳は、奈良の行燈山古墳（第一〇代崇神天皇陵と見なされています）と相似形であり、これは日本武尊《やまとたけるのみこと》（父の第一二代景行天皇の命で征服事業をやっていました）の征服地であります。

また、実際、前方後円墳の専門家の派遣によって、地域に水田土木技術、築堤技術、測量技術などが伝播して、日本全体の土木建設技術の底上げになったというメリットもあったとも言われています。これが古代から天皇があがめられた理由かもしれないと言われています。現在までに発見された前方後円墳は四七〇〇ヶ所、まだ、発見数は増えているそうです。まさに、政治的には古来、最大のヒット政策であったかもしれません。建国・全国統治ということでなければ、このような大事業はありえないことです。

このようなことを考慮しますと、邪馬台国は武力統一ではなく、つまり武力戦争なしで、北部九州、吉備・瀬戸内海の東部、出雲、畿内などの各地のクニが合意によって統合国家を形成したのではないかと纏向学研究センター所長の寺澤薫氏は語っていました（東日本へ拡大したときには、狗奴国との戦争はありましたが）。

古墳時代へ移行

中国には円形の墳墓はありません。朝鮮半島では、南西部の栄山江《ヨンサンガン》流域に前方後円墳形墳墓が十数基ありますが、五、六世紀の築造で、前方後円墳の源流ではありえません（むしろ、日本から伝播したと考えられます）。前方後円墳は、すでに述べましたように倭国（日本）独自のものと考えられています。

前方後円墳は、弥生時代末期の吉備の楯築《たてつき》墳丘墓、山陰地方（出雲）の四隅突出型墳丘墓（葺石技術）などの墳丘墓がモデルとなったと言われていますが、それぞれの特徴を生かした日本独特の古墳で、まさに大和の三輪山の麓で卑弥呼時代の三世紀初めに創造されました。日本最古の前方後円墳は、纒向石塚古墳《いしづかこふん》（全長九六メート）、続いて纒向矢塚《やづか》古墳（九五メートル）、纒向勝山古墳（一一〇メートル。板材の年輪測定法で二一〇年代の築造と考えられています）、東田大塚古墳（九五メートル）、ホケノ山古墳（九〇メートル）と二〇〜三〇年のうちに、立て続けに造営され（これらは卑弥呼の一族の墓である可能性があります）、そして三世紀の半ばに突然、超大型の箸墓古墳（二七八メートル）が現われます。他の五基の約三倍に相当するもので、そこには隔絶性が明らかに存在しています。巨大な箸墓古墳の築造には一〇年以上が必要で、卑弥呼は内外にその存在感を示し狗奴国との戦争を優位に導くために二二〇〜二三〇年代にこの巨大な墓を造りはじめ、在世中に大部分を完成させていたという説もあります。その他、考古学による三角縁神獣鏡などの研究からも（卑弥呼の没年は二五〇年頃とみなされています）、箸墓古墳の築造年代を二五〇年代頃としている研究者は多いようです。二〇〇九年、国立歴史民族博物館の研究グループが、箸墓古墳の造営年代をＡＭＳ法（放射性炭素Ｃ１４による年代測定方法）によって二四〇〜二六〇年と特定し、卑弥呼墓である可能性が高いと発表しました。

さらに注目すべきは、箸墓古墳以降も、同じ古墳群には、（ほとんど間をおかずに）四世紀中頃にかけて、西殿塚《にしとのづか》古墳→桜井茶臼山《ちゃうすやま》古墳→メスリ山古墳→行燈山《あんどんやま》古墳（崇神《すじん》陵古墳）→渋《しぶ》谷向山《たにむこうやま》古墳（景行《けいこう》陵古墳）の順で全長二〇〇メートルを超える巨大前方後円墳が次々と営まれました。行燈山古墳（全長二四二メートル）は第一〇代崇神《すじん》天皇陵、渋谷向山古墳（全長三〇〇メートル）は第一二代景行《けいこう》天皇陵に治定されています。

箸墓古墳と天皇陵と比較しますと、第七代孝霊天皇陵（二一メートル）、第八代孝元天皇陵（五一メートル）、第九代開化天皇陵（一〇六メートル）、箸墓古墳（二八〇メートル）、第一〇代崇神天皇陵（二四二メートル）、第一一代垂仁天皇陵（二二七メートル）、第一二代景行天皇陵（三〇〇メートル）であり、箸墓を超えるのは第一二代景行天皇以降であります。現在、箸墓古墳の被葬者として宮内庁より治定されている倭《やまと》迹《と》迹《と》日《ひ》百《もも》襲《そ》姫命《ひめのみこと》は父である第七代孝霊天皇よりはるかに大きな古墳に葬られていることになり、矛盾があることは明らかです。

いずれにしても、邪馬台国のあと、四世紀のはじめ頃から、天孫系（天皇系）の統治がはじまり、天孫系は少なくとも邪馬台国が築いた前方後円墳や墳葬制をそっくりそのまま継承し、むしろ、それから本格的に日本の統治に利用したことがわかります（このようなことは政治的には簡単にできないことです。墓制墳葬制だけでなく、統治の仕方、前政権の権威もそっくり継承しないとできないことです）。

その後、前方後円墳は全国に波及しましたが、各地の首長は、大和の王（初期は邪馬台国の女王）の宗教的な権威を認め、大和政権連合に参画し、前方後円墳という、王と同じ型式の古墳造営と首長位の継承儀礼を行って、対外的に倭を代表し貿易等の利権を占有する大和王から原料鉄などの供給を受け、貢物など物的・人的見返りを提供したものと考えられています。

卑弥呼の死去と古墳のところから余談になりましたが、『魏志倭人伝』の記述は、まだ、終わらず、次のように記しています。

卑弥呼の死後、男王を立てましたが国中は服さずふたたび争いが起きました。卑弥呼に逆らえず卑弥呼の支配を許した旧支配層が彼女の死を迎えて昔のような「男王」制を復活させたようです。ただこれには倭国及び邪馬台国の民衆が猛烈な反対運動を展開し、「国中服せず」でした。「千余人」を殺すという大紛争に発展しました（ということは、邪馬台国を奪おうとする者〈豪族〉もいたということです）。

結局、このときも、卑弥呼の縁者一族から巫女として育成中の、まだ、一三歳の壱与《いよ》（壹與《とよ》という説もあります）が倭王に立てられ、やっとおさまりました。先に倭国に派遣された魏国の張政は檄文をもって壱与を諭《さと》しています。壱与は、率善中郎ら二〇人を張政らが帰国するのにつけて洛陽に派遣し、男女の生口三〇人、白珠、青の大珠などを貢上しました。

これは倭国がこれまで献上した最高の内容であります。生口（奴隷）だけでも三〇人でした。

これは狗奴国との戦いで獲られた捕虜だったかもしれません。壱与のこの大変な量の朝貢品は、自分の新倭国王即位の挨拶と狗奴国戦争時における魏の援助に対する御礼ということだったでしょう。

以上のようなことで、前方後円墳はまず邪馬台国連合以来の第一次的な連合関係を結んだ地域で同盟の証として築造がはじまり、その後、狗奴国との戦争に勝利し東日本が加わり、四世紀後半までには、定型化した前方後円墳は九州南部から東北南部までの広域に広まっていきました。

したがって、前方後円墳の造営は邪馬台国の卑弥呼の治世の三世紀初めからはじまって、六世紀末頃まで続きました。先述しましたように現在までに発見された前方後円墳は大小四七〇〇基で、さらに発見が続いていて増えています。古墳時代には、前方後円墳、前方後方墳、円墳、方墳など様々な墳形がみられ、出現期から併存していました。数としては円墳や方墳が多かったのですが、墳丘規模の面では上位四四位まではすべて前方後円墳であり、もっとも重要とみなされた墳形でした。墳形の違いは首長の系譜など倭王権との関係の深さに関わり、前方後円墳が最高位で、ついで前方後方墳、円墳、方墳という序列があり、墳形ごとの大小の差は首長の経済力など実力の反映と見られています。

前方後円墳が造られなくなった七世紀に入っても、方墳、円墳、八角墳などが造り続けられ、この時期を古墳時代終末期と呼ぶこともありますが、飛鳥時代に入っていました。

第一段階の大和政権

二世紀末の倭国大乱の後に成立した邪馬台国の女王卑弥呼を中心とする新しい倭国連合（そして狗奴国との戦争に勝利したのちには、濃尾以東の勢力も連合に加わったと思われます）を大和政権と呼ぶことができるのではないでしょうか。そもそも『魏志倭人伝』の原資料筆者は、倭人から話を聞いて書いたときに、「大和国」を「邪馬台国」と記したという説もあります。つまり、日本の最初の国家の成立であります（これが第一段階の大和政権）。

半世紀におよぶ卑弥呼の治世で確立されたこの政治システムは、その後も邪馬台国の二代目女王・壱与以降も継承されていきました。それは大和を中心とした政治体制や前方後円墳を中心とした全国的な身分秩序もそのまま維持されていたことからわかります。

中国で曹氏の魏が倒され、司馬氏の西晋に代わった翌年の二六六年に、邪馬台国の女王・壱与は祝賀のために久しぶりに朝貢を行いました。それが彼女の最後の遣使となりました。『晋書』には、二六六年、倭の女王の使者が西晋の都洛陽に赴いて朝貢したとの記述があります。（二六六年から約四五〇年後に書かれた『日本書紀』の神功紀《じんぐうき》にも引用されているこの女王とは前述した壱与のことでありますが、『日本書紀』では、神功皇后《じんぐうこうごう》の事績としています。このように記紀は、邪馬台国や卑弥呼や壱与をすべて消して、後述する天孫系（天皇系）の事績にして記述しています。）

この二六六年の朝貢の記録を最後に、五世紀の四一三年（義熙九年）の倭王・讃の朝貢（倭の五王）まで一五〇年近く中国の史書からは倭国に関する記録はなくなり、倭国や邪馬台国の動向はわからなくなりました。この間は「空白の四世紀」とも呼ばれています。

その後の邪馬台国のことも、女王・壱与のこともわかりません。大陸の東アジア諸国は三世紀後半にも頻繁に遣晋使しているのに、倭国は朝貢をしなかったようです。

この間に邪馬台国も倭女王国も消えて、三～四〇年後には、同じ大和の地に天孫系の大和朝廷＝崇神《すじん》王朝が姿を現しました。しかも、すでに天孫系（天皇家）一〇代目であると称していました。邪馬台国も卑弥呼も壱与もいつのまにか歴史上から消されてしまったのです。一体倭国に何が起こったのでしょうか。

《二》古墳時代（四世紀～五九二年）

もう一度、歴史をさかのぼってみましょう。中国や朝鮮半島の政治情勢が倭国（日本）に大きな影響を与えてきたことは再々述べました。

紀元元年前後には、中国では前漢が王莽《おうもう》の「新」によって倒され、その後、後漢が成立して落ち着くまで大混乱に陥っていました。『自然の叡智　人類の叡智』の中国の歴史で述べましたように、この混乱時には未曽有の人口減がありました。

王莽が殺された後の混乱を制し、漢を再興し後漢（二五～二二〇年）を興したのは劉秀でした（劉秀は前漢第六代皇帝・景帝の末裔でした）。二五年、劉秀は皇帝位について光武帝（在位：二五～五七年）と称し、地方政権の討伐戦をはじめ、三六年までに全国を再統一したのですが、降伏したもの一人、匈奴の中に逃亡したもの一人を除いて、後の一七人はすべて滅ぼしました。

前漢末以来の混乱で中国は大いに疲弊し、前漢最盛期で約六〇〇〇万人となった人口が光武帝の時代には二〇〇〇万人ほどに激減していました。流民などとなって戸籍上現れなくなった者もいたでしょうから、実際の人口がそんなに減ったのではないでしょうが、それにしても大変な減りようでした。

人口が急減したことは多くの国外逃亡者があったと思われます。この頃には高句麗を建国した大陸系の騎馬民族・ツングース系民族がさらに南下して朝鮮半島南部の諸国をつくり、さらに海を越えて日本列島に渡来する者が少なからずあったようです。

『自然の叡智　人類の叡智』で匈奴などアジア系の民族の侵攻でゲルマン民族の大移動がはじまり、ローマ帝国が滅ぶきっかけとなったことは述べましたが、中国でも後漢初期の混乱、高句麗など騎馬民族・ツングース系民族の南下が起こり、玉突き状態で日本にも多くの鉄を持った難民が押し寄せ、倭国に浸透したと考えられています。

これは従来の稲作民族が渡来したときと同じで、先住の倭人社会とはほとんど摩擦は生じなかったようです。この頃から、石器の使用はぐっと減り、倭国は本格的な鉄器時代に入ったようです。鉄技術など先進技術と先進文化を持った大陸の難民は歓迎されたようです（日本に馬が入ってくるのは五世紀からです。古墳から馬具や騎馬兵士の埴輪《はにわ》が出るのは五世紀以後です。そのような意味で江《え》上《がみ》波《なみ》夫《お》氏の「騎馬民族征服王朝説」はあたりません）。

このような中国大陸、朝鮮半島の情勢のなかで、倭国に何が起きたのでしょうか。歴史家の相《そう》見《み》英《えい》咲《さく》氏は、『倭国神話の謎』（講談社、二〇〇五年刊）において、記紀（『古事記』と『日本書記』）などの神話を分析して、次のように述べています。

紀元前後に倭国に渡来した東北アジア民族・ツングース民族系（高句麗・扶余《ふよ》系）のいわゆる天《あま》つ神《かみ》（天神）氏族の中で、天皇家の祖先、物部《もののべ》氏、尾張《おわり》氏、中臣《なかとみ》氏、出雲臣《いずもおみ》氏（後に出雲に入ります）などは九州に入り、スサノオ神族、アジスキ高日子根神族、ハタツミ神族、イイシツベ神族などは出雲に入ったと述べています。

日本海には、リマン海流（大陸沿いに南下）と対馬海流（北上）が流れていて、船で大陸を出れば、海流にのって星を眺め東に進むと隠岐の島、出雲から丹後半島、北陸を結ぶ海岸線に行き着きます。現に当時の日本海ルートは、鉄のネットワークができていたことは述べました。島根半島（当時の出雲平野はまだ海〈神門水海《かんどのみずうみ》〉でした）の先端の北山と丹後半島は海に出っ張った目印でした。

出雲に入った者たちは、出雲在来の氏族（出雲古族）との融合が早く進み、独立的な氏族としてはほとんど消滅し、出雲古族の一員として存在するだけとなりました。たぶん、先進文化・技術を持った外来民族を受け入れて、出雲古族はより活発に活動し、各地で国土開発（大《おお》国主尊《くにぬしのみこと》は国土開発の先駆者でした）を行ったようです（この頃の事業は、水田開発や治山治水で、その分野で先進技術を持っていた外来民族を積極的に受け入れ、出雲古族そのものが、積極的に日本各地に出ていって国土開発の指導者になったのでしょう。その象徴が大国主尊として全国から崇められたのでしょう）。

九州に入って一時期滞留した天神諸氏族は最初は弱小国の首長でしかありませんでした。一八〇年代に勃発した倭国大乱が激しくなる中で（前述しましたように当時、降雨量が多く九州で災害が多かったかもしれません）、天神諸氏族は九州島に見切りをつけ、図一一のように、本州に渡りました。

図一一のように瀬戸内海を通って、物部氏は河内《かわち》郡に入り、三世紀の間に生駒《いこま》山の東麓にも進出し、強大な勢力となっていきました。尾張氏は大和葛城《かつらぎ》の高尾張に入りましたが、さらに二五〇年頃、東海濃尾《のうび》平野に移りました（これは狗奴《くな》国を倒した邪馬台国の卑弥呼の命令でした）。出雲臣氏は日本海沿いに出雲に入りました。

天皇家の先祖は、九州渡来以来、豊前《ぶぜん》に居を定めていましたが、倭国大乱の戦火で首長（ニニギノミコトとされている人物）が戦死し、南九州日向《ひゅうが》（宮崎県）へ避難し、争乱が終結するのを待ちました。この倭国大乱は邪馬台国の女王・卑弥呼が倭国王に共立され、争乱を終結させたことは述べました。このときから倭王・卑弥呼を中心とする連合国家と

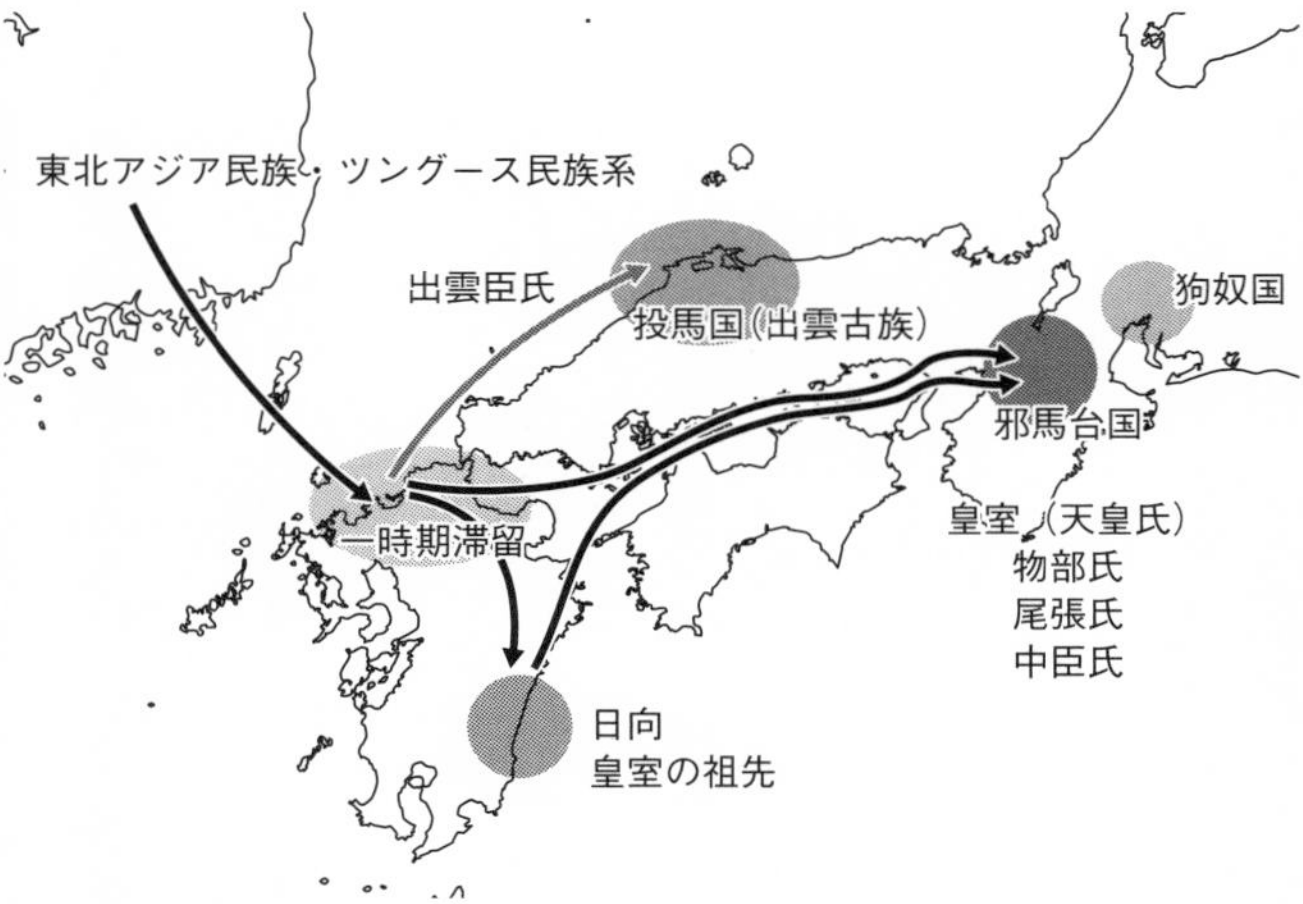

図一一　東北アジア民族・ツングース民族系の渡来と国内移動

なりました。

日向に逃れた天皇家の先祖も遅まきながら二二〇年代に本州渡島を行いました。その人物はホホデミという首長でした（彼は記紀で「神武天皇」とされた人物でした）。もちろん、（記紀でいう）東征などではなく、通路である瀬戸内海の海人族《あまぞく》の助けを得て東に移り、ホホデミは、倭王・卑弥呼の許可を得て、邪馬台国からは周辺地の高市《たけち》郡辺りに入りました（天皇家の祖先はみな奈良県の高市郡・葛城《かつらぎ》郡あたりに葬られています）。

天皇家の祖先は、倭王・卑弥呼に登用され（渡来系氏族は政治・文化・技術などに優れていました）、その後継者・壱与の時代には、押しも押されもせぬ実力者に成長していました。すなわち、ホホデミ（神武天皇）を一代目として、四代、五代、七代、八代目は、卑弥呼が設置した倭国の大官（「大倭」＝大ヤマトヒコ、大ヤマトネコヒコ）に任ぜられ、これを世襲独占することに成功しました。五代目孝昭カエシネが任那《みまな》（倭国の朝鮮出先）長官＝ミマツヒコ）に任ぜられもしました。

三世紀の間に天皇家の祖先は物部氏と並ぶ強大な氏族となり、物部氏と並んで、邪馬台国王家の天下を脅かす最大の勢力となりました。

そして、三〇〇年頃、天皇家の祖先は軍事クーデターを起こし、邪馬台国王朝を攻撃しました（このとき禅譲論もあるでしょうが、邪馬台国王朝をすべてなかったことにしたということは敵対的なクーデターだったでしょう）。天皇の祖先九代目の開化ワカヤマトネコヒコと彼の子一〇代目の崇神《すじん》ミマイリヒコイニエは、今の奈良市に入り、西隣りの添下《そうのしも》の鳥見《とみ》の大豪族およびこれと結ぶニギ速日神族の物部氏と対峙しました。

物部氏も次の倭王位（＝日本国王）を狙っていましたので、邪馬台国側につく気配を見せていました。これに対し、天皇家は物部氏を懐柔する作戦をとり（崇神の母は物部氏の出でありました）、物部氏は天皇家に寝返りました。物部氏が鳥見の大豪族を裏切ってこの人を殺害し、天皇家の祖先に服属しました。こうして、最大の難関を突破した天皇家の祖先は、勝利をもたらした物部氏を優遇することになりました。

鳥見の豪族が滅び物部氏が服属したので、天皇家の祖先は一気に勢いづき、邪馬台国王朝を倒し、天皇家の祖先に従わなかった大和のあちこちの土豪・中小首長をみな滅ぼしていきました。その人たちは古事記や日本書紀の神武紀（東征に出てくる豪族）に、天皇への恭順を表明しなかった土着の豪傑・豪族で兄磯城《えしき》、磯城の八十梟師《やそたける》、高尾張の赤銅《あかがね》の八十梟師《やそたける》、層富県《そほのあがた》の波多丘岬《はたのおかさき》の新城戸畔《にいきとべ》、和耳坂下《わにのさかもと》の居勢祝《こせのはふり》、臍見《ほそみ》の長柄丘岬《ながらのおかさき》の猪祝《いのはふり》などでした。しかし、邪馬台国のことは記紀には全く記されていません。邪馬台国もクーデターも存在しなかったことにする、これが天皇家の祖先の考え方だったからです（中国の歴史でも何度かそのような事実〈歴史上の事実を完全になかったことにする〉がありました。現代でも国会で「記憶にございません」が流行っていますが、なかったことにするのは〝利口な〟人間共通の通弊でしょう）。大和の諸氏族、諸豪族、諸首長は卑弥呼登場以来、大和の地が倭国（＝日本国）の中心になっていたので、その王位は、大和を握る者がなる時代になっていました。

天皇家の祖先の初代倭王は、第一〇代崇神《すじん》天皇でした（「天皇」と称するようになるのは、七世紀の後半の天武天皇からで、それまでは「大王《おおきみ》」と称したようです。ですが、ここではわかりやすく、これ以降、第〇代〇天皇と記すことにします）。

第一〇代崇神天皇は大和の支配を固め、さらに四方に身内の四道将軍を派遣し、地方の国々に、新しい倭王の天皇家に服属するように促しました。この四道将軍とは、『日本書紀』に登場する皇族の将軍で、大彦命《おおびこのみこと》、武渟川別命《たけぬなかわわけのひこと》、吉備津彦命《きびつひこのみこと》、丹波道主命《たんばみちぬしのみこと》のことで、それぞれ北陸、東海、西道（山陽）、丹波（丹後・丹波）に派遣されました。

この時、信濃諏訪では出雲系の南方《みなかた》神族と大激戦があったようです。それは古事記の出雲の「国譲《くにゆず》り神話」に、建御名方《たけみなかた》神の抵抗の物語として組み込まれています。

四道将軍は、地方の敵を帰順させて凱旋したとされています。彼らが平定したところは、四世紀の前方後円墳の伝播地域とほぼ重なっています（平定されて、大和の前方後円墳を受け入れたのです）。

前世紀までとは全く違う時代がはじまりました。今や天皇家は強力な武力で天下を握りました。それは、しかし、他面、はなはだ危《あや》ういことでもありました。いつか自らに対して他の豪族がクーデターを起こすかもしれないからでした（彼らの祖先は大陸の出身者で、中国、朝鮮の歴史は王朝転覆の繰り返しであったことを知っていました。周の武王が殷の紂王《ちゅうおう》を滅ぼした頃から易姓革命《えきせいかくめい》〈王朝の交代を正当化する理論〉は中国の政治思想となっていました）。

　そこで天皇家は考えました。武力に頼らず、被治者の心、諸豪族、諸氏族の心をとらえ、自発的に服従させることができるような権威を築くことはできないかと。

　ここで天皇家がとった考え方は驚くべきもので、古今東西、どこにも出現したことのない、未曾有《みぞう》の考え方でした。普通、新しい王権は、前の王権の非を言いたて、人民のためにやむを得ず自らがそれに代わらねばならなかった、と主張します（中国の易姓革命の思想はまさにそれです）。ところが天皇家は、一切そのようなことは言いませんでした。

　天皇家がしたことは、自らをそもそもの初めからの倭王にするために邪魔になる倭国のそれまでの歴史をすべて捨てました。第一〇代崇神《すじん》ミマイリヒコイニエが邪馬台国王朝を滅ぼし自家の王権・朝廷を樹立した、という事実をも捨てました。

　これにかえて、大和に遷《うつ》ってきただけの一〇代前の神武《じんむ》ホホデミを、開国の祖＝ハツクニシラス国王と位置づけ、それに相応《ふさわ》しい大和平定の物語を作り与えました。天皇家に服さぬ土豪や土蜘蛛の類を滅ぼす偉人の物語として創り替えました。邪馬台国の名も卑弥呼の名も全く登場することはなく、そのような国や王が存在した事実はない、というわけです（まだ、実質、文字も歴史書もない時代ですから、三代一〇〇年もすると全く誰もわからなくなってしまうでしょう）。

神武ホホデミに開国の祖との栄誉が与えられる一方、彼と真の天皇家の初代たる第一〇代崇神ミマイリヒコイニエとの間に位置する二代から九代までの祖先からは、それまで語り伝えられてきただろう事績物語が捨てられました。八人は邪馬台国王朝の臣下だったので、「万世一系」の天皇観には不都合だったのです。

それでは天皇家はどこから来たのか。天から天降《あまくだ》って来たとしました。いつ？　冒頭に記しましたように『日本書紀』によると「天祖ニニギが天降って一七九万二四七〇余年」、つまり、一七九万年前に天降ったのです。そして、紀元前六六〇年に神武天皇が即位したとしました。この時点が紀元三〇〇〇年としますと、もう、九六〇年前のことですから、誰もケチを付けることはできません。（当時の人からすると「天文学的」年数だったのでしょう）そもそものはじめから天孫系《てんそんけい》の由緒ある系統で、そんじょそこらの物部氏や中臣氏などとは全く違うのだとしました（本当は一〇代前ぐらいに、朝鮮半島から渡ってきた同類項の東北アジア・ツングース系部族であったのですが）。

もっとも、天系、天神が高山に天降りするというのは、ツングース系神族としてはごく普通のことでした。また、世界的に民族のはじめに神話があり、始祖を天降り（天系）とするものはどこでもあったことです。現に本家本元の朝鮮の高句麗の始祖も天降りして国をつくったことになっています（『高句麗広開土王碑文』）。倭国（日本）でも、物部氏の祖神、天神ニギ速日命は、河内の国河上のタケルガ峯《みね》に天降りしたと言います（『先代旧事本紀』）。天神・天日槍命《あめのひぼこのみこと》も高麗《こま》の国の意呂山《おろやま》に天降りしたといいます（『筑前国風土記』）。

それでは、天孫系（天皇家の祖先）は、なぜ、日向の高千穂峰に天降りしたのでしょうか。前述しましたように、天皇家の先祖は朝鮮半島から渡ってきて、しばらく、そこに住んでいたからです。そのことが日向降臨神話となっています。

天孫系は一度天降ればいいのに、なぜ、その前にスサノオの天降り（出雲の鳥髪《とりかみ》山・現在の船通山《せんつうざん》）と二度も行う必要があったのでしょうか。そんなことをすれば、天孫系の価値が減ずることになるだけではないでしょうか。それが記紀神話を複雑にしているところですが、天孫系の想定外のことが起こったのです。つまり、滅ぼした出雲系の祟《たた》り事件が発生し、出雲国造系を残すことになったので、後代の記紀の作者が天孫系の傍流をつくって、先に天下らせることにして、天孫系の傍流として位置づけ、この出雲国造系の「国譲り神話」を挿入せざるを得なくなったのです。その事情も記紀に記されています。横道になりますが、それを記します。

出雲神話を書いた理由

歴史家の相見英咲《そうみえいさく》氏は、前述しました『倭国神話の謎』（講談社、二〇〇五年刊）において、記紀などの神話を分析して、次のように述べています。

古い出雲族のことを、紀元前後に渡来した東北アジア民族・ツングース民族系（図一一参照）の天《あま》つ神《かみ》・天穂日命《あめのほひのみこと》を祖神とする出雲臣《いずもおみ》氏と区別するために、出雲古族と呼ぶとしますと、出雲古族は、大己貴《おおなむち》神（大国主命《おおくにぬしのみこと》）を奉持して、その神やその眷属《けんぞく》とされた神の名において、もしくはこの神々になり代わって、多くの地・国を開き立てた人々であったと言っています（大国主も大物主も大己貴神もみな同じで国土を造る、国土を開くという意味であり、みな同じ神であったと言っています）。後にできた記紀の「出雲神話」や『出雲国風土記』の伝承から、そのように考えることができると言うのです。

「大穴持命《おほなもちのみこと》」、すなわち大己貴神（大国主命）は、「天《あめ》の下《した》造らしし大神」と称えられています。ここで「天の下」とは、現在の出雲一国を意味するのではありません。大己貴神を奉持して、本州や四国の各地に入植・植民活動を展開した出雲古族の人々がいました。魏志倭人伝で倭国の主要メンバーとして上げられた三〇ヶ国のうち、一五ヶ国の多くが出雲古族系であったと言っています。その一五ヵ国とは、投馬国、邪馬台国、斯馬国、己百支国、伊邪国、都支国、好古都国、不呼国、対蘇国、鬼国、為吾国、邪馬国、躬臣国、巴利国、支惟国です。これら一五ヵ国、本州・四国の国々と思われます（出雲大社系神社の分布からもわかります）。『古事記』や『日本書紀』によると、それを四世紀の天孫系（天皇系）は、高い天から眺めて、「葦原《あしはら》の中国《なかつこと》」（日本のこと）には、大己貴神とその眷属《けんぞく》神がそこを支配し、しかも「蛍火《ほたるび》の光《かがや》く神《かみ》、及び蠅声《さばへな》す邪《あ》しき神」が「多《さは》に」いた（神代紀）という風にとらえました。天孫系は、自分たちの原郷として「高天《たかま》の原」を構想し、それに対する地上世界を混乱した世界としたのです。これもすべての（世界）宗教をおこした教祖がとる常套手段ではありましたが（キリスト教のアウグスティヌスの『神の国』、ゾロアスター教の『アヴェスター』など）。

　そこで、記紀の作者は、天から見て、地上の迷える人間どもを正しく導くために天孫系が遣わされたという〝すじがき〟を作りました。

　相見英咲氏は、ここで出雲国は投馬国であると分析しています。邪馬台国は七万余戸の大国でありましたが、畿内大和の国でした。投馬国はそれに次ぐ五万余戸でした。投馬国は「ツマ国」と訓《よ》め、「イツモ」の「イ」が魏人にうまく聞き留められなかったかもしれないと言っています。それで「出雲」は「投馬《(い)つま》国」と記されてしまったというのです（同じことは、ヤマト国と言ったところを魏人は邪馬台国と記してしまったようです）。

　さらに相見英咲氏は、邪馬台国は大己貴神系＝出雲古族系が立てた国だと言っています。出雲古族は、「磯城《しき》・三輪山《みわやま》の上《ほと》り」を中心に大和盆地の植民活動を行い（降水量が多かった当時、奈良盆地は大きな河川もなく災害が少なく、東西の中間にあり交通の便もよかったと言われています）、ここに盆地全体を支配する王国＝「内《うち》つ国《くに》」（大和盆地は邪馬台《やまと》国ができる前にはこう呼ばれていました）を築き上げたのです。ですから、三輪山の神・大物主神（大国主命と同じ）を、出雲古族・「内つ国」＝邪馬台国が奉斎したわけです。

それだけではなく、歴史学者・村井康彦氏の『出雲と大和』（岩波新書、二〇一三年刊）によれば、大国主命（大己貴神。大物主命のように多くの異名がありますが同じ神であります）を奉斎する出雲の勢力が、大和や北陸へ及んでいたことがわかります。これは、村井康彦氏が自身で訪ねたところを記しただけですから、まだ、その一部で全国的に調べればもっと広がるでしょう。

いずれにしても古代の出雲古族が、前述した四隅突出古墳のネットワークの他に、（その前から）日本の多くの地域で活動し（国土開発）ネットワークを組んでいたことがわかっています。

出雲国の国譲りと大国主命の出雲大社

第一〇代崇神天皇は、四道将軍派遣が終わると、余勢を駆って、邪馬台国のバックとなっていた出雲国に服属を要求しました。前述したように、当時出雲国は出雲古族に代わって、後に出雲に入っていった天穂日命＝出雲臣氏が支配していました。出雲臣氏は実質的な出雲国王となっていました。出雲臣氏は、もともとからの大己貴神（大国主命）の奉斎氏族だったかのように、大己貴神（大国主命）を祭祀し、出雲大社を経営していました。出雲臣氏の地位は出雲でも周辺国でも受け入れられ不動のものとなっていました。

　これに対し、崇神天皇は、出雲国に強く服属を要求して圧力をかけました。これが『日本書記』で言う〝出雲の国譲り〟です。天皇家は服属の証として、天穂日命の神宝の提出を求めました。交渉に行ったのは物部氏の臣の中臣氏で、神話ではタケミカヅチとして登場しています。このとき出雲国王の出雲振根《ふるね》（出雲臣氏）は九州に行っていて留守でした（出雲系だった九州の宗像《むなかた》神社へ大和対策で相談に行っていたかもしれません）。脅されて神宝を提出したのは、振根の弟飯入根《いいいりね》・甘美韓日狭《うましからひさ》らでした。振根が帰って来た時は、もう服属（国譲り、神宝提出）は終わってしまっていました。

　振根はこれを深く恨み、ある時、弟飯入根を計略にかけて殺害しました。飯入根の子（鸕濡《うかつ》渟《くぬ》）と甘美韓日狭がこれを訴えましたので、崇神天皇は吉備津彦らを派遣しました。崇神派遣軍と振根の間には戦闘がありましたが、振根は殺されました。

（『古事記』の景行天皇条にのっている倭建命《やまとたける》〈『日本書紀』で言う日本武尊《やまとたける》〉の出雲〝征伐〟の話は、九州から出雲にやってきた倭建命が、はじめに出雲建《いずもたける》と親交を結び、油断させてだまし討ちをするという物語です。）これが出雲国の国譲りの真相でした。

邪馬台国の祟《たた》り事件

ところが、第一〇代崇神天皇の治世のあるとき疫病が流行しました。何神の祟《たた》りのせいであろうかということで、天皇の伯母の倭迹迹日百襲姫命《やまとととひももそひめみこと》（例の箸墓古墳の被葬者です）に拝《おが》ませたところ、たちまち神の声あり、彼女の口を借りて、「国の治《おさ》まらざるは、是《これ》吾《わ》が意《こころ》ぞ」、「若《も》し能《よ》く我を敬ひ祭らば、必ず当《まさ》に自平《たひら》ぎなむ」（『日本書紀』）と言いました。

崇神天皇はおどろき、誰が神ぞや、と問うと、神はいう、「大物主神《おおものぬしのみこと》と為《い》ふ」と。大物主神は、邪馬台国の怨霊《おんりょう》となって、連年にわたって災害・疫病を起こし、皇室・崇神天皇の若い政治を乱したのです。実際の現実は、邪馬台国を滅ぼした戦争の直後で国内が荒れ、そうしたことが契機となって災害・疫病が続いたといったことでしょうが、当時の人々はそうは考えませんでした。とくに皇室側の人々は、大物主神の祟《たた》り、つまり邪馬台国の神が己れを奉斎した国を滅ぼした者、己の祭祀を途絶せしめた者として自分に狙いを定めて祟っているのだと考え、恐怖に怯《おび》えました。

「たれか、大物主命（三輪山）を祀る者はいないか」と、崇神天皇は探しました。古代信仰にあっては、その神の子孫とされている血統の者――名負《なおい》の氏《うじ》――によってのみその神を祀ることができます。ところが、三輪山を祀っていた三輪の族長の子孫は崇神天皇に滅ぼされたかなにかで三輪の故地にはおらず、崇神天皇はそれを探させ、やっと茅亭《ちぬ》（大阪湾沿岸地方の古称）の地に大田田根子命《おおたたねこのみこと》という人物がいると知り、それをよんで土地を与え、三輪山にのぼらせ、邪馬台国の神・出雲古族の神の祭祀を行わせました。その他の神々についても、解禁しました。「ここに疫病《えきのやまい》始《はじ》めて息《や》みて、国内《くにのうち》漸《ようやく》に鎮《しず》まりぬ。五穀既《すで》に成りて、百姓賑《にぎは》ひぬ」（崇神紀）と治まりました。

さらに、崇神天皇はこの三輪山は出雲族のうちの三輪族の神である以上、それを自分の族神にするわけにゆかず、天照大神《あまてらすおおみかみ》を皇女豊鍬入姫命《とよすきいりひめのみこと》に託し、ついに第一一代垂仁《すいにん》天皇二五年に、神託により伊勢国に大神の社を建て、これが伊勢神宮の創始となりました。

その後の出雲大神＝大己貴神（大国主命）の祭祀がどうなったかですが、出雲王の振根を殺された出雲臣氏は、恐れをなして出雲大神＝大己貴神（大国主命）を祭らなくなりました。そこで、ここでも神懸《かみがか》りの祟《たた》りが起きました。『古事記』によりますと、第一一代垂仁《すいにん》天皇の皇子本牟智和気《ほむちわけ》は生まれながらに聾唖者《ろうあしゃ》でしたが、占いによってそれは出雲の大神の祟りであることがわかりました。「ものいわぬ御子」がものを言えなかった原因が、国譲りの時の約束――大和朝廷が大国主命の願いである大きな社を建造すること――をいまだに果たしていなかったため、大国主命の祟りを受けたものとわかりました。

そこで、垂仁天皇が曙立王《あけたつのおう》と菟上王《うなかみのおう》を出雲にやり、大神を拝ませると、本牟智和気はしゃべれるようになりました。奏上を受けた天皇は大変喜び、菟上王を再び出雲に遣わして、「神宮」を造らせました。この「ものいわぬ御子」が大和と出雲をつなぐ絆になりました。

その後、朝廷は出雲臣氏に大己貴神（大国主命）を祭らせましたが（崇神紀）、垂仁《すいにん》天皇はこれが実行されているかどうか、つまり、出雲臣氏が朝廷に従順かどうか、部下に「しばしば使者を出雲国に遣《つかは》わして……汝親《いましみずか》ら出雲に行《まか》りて検校《かむが》へ定《さだ》むべし」（垂仁紀）と言っていました。つまり、皇室の命令のごとく従順に祭祀を行っているか、絶えず神宝の検校を行いました。出雲国にはしばらく圧力をかけ続けたのです。

また、『日本書紀』によると、それから三〇〇年ぐらい経った第三七代斉明《さいめい》天皇五年（六五九年）に、「この歳《とし》に、出雲国造に命《おお》せて名をかけり、神《かみ》の宮《みや》を修厳《つくりよそ》はしむ」とあります。出雲国造に命じて「神之宮」を修造させましたが、修厳の厳は、荘厳《かざり》であり飾ることですから、修厳とは、神宮の社殿を以前より立派なものに作り上げたということでしょう。

しかし、また、大和の地にある斉明天皇がなぜ急に出雲の神宮の修理を命じたか。村井康彦氏の『出雲と大和』によれば、斉明天皇の孫・建皇子《たけるのみこ》（のちの天智天皇の皇子）がこの前年に八歳で亡くなっています。この皇子は生まれつき「ものいわぬ皇子」でした。祖母の斉明天皇は、この孫を不憫《ふびん》に思い、限りなく愛《いつく》しんだそうです。

そういえば、前にあったこと、垂仁天皇の「ものいわぬ御子」と出雲大社の関係に斉明天皇も気がついたのです。斉明天皇は「建皇子」のために、今、なすべきことは何かと考えました。それは大国主神の国譲りの約束を守ることであり、十分でない出雲大社の造営に向き合うことであると考えたようです。建皇子の一周忌に修厳が行われていますが、多分、修厳事業はこの年で終わったというものではなかったでしょう。

いずれにしても、伝承の内容や大社の呼び名はさまざまでありますが、共通して言えることは、天皇の命によって、大国主命の宮が建てられたということであり、その創建が単なる在地の信仰によるものではなく、古代における国家的な事業として行われたものであることがうかがえます。

出雲神話は『古事記』の三分の一を占め、しかもその大部分は大国主命を主人公とする物語であります。他方『日本書紀』は出雲神話を取り上げていませんが、ただ第六のなかで大国主神の「国作り」と「国譲り」（出雲神話の核心）についてだけは記述しています。天孫による葦原中国《あしはらのなかつくに》の制覇を謳うのであれば、それ以前に葦原中国が大国主命によって開かれ、領有されていた事実をことさら述べる必要はなかったし、むしろ避けたい事柄であったはずです。にもかかわらずこれを取り上げているのはなぜでしょうか。

それは、以上述べましたように崇神天皇が大物主命（大国主命）の祟りを恐れて、それを祀らせたこと、出雲においても、垂仁天皇が出雲国造に神宮を造らせたことによるのでしょう。また、（記紀の作者にとっては）直近では、斉明天皇が出雲大社の修理を命じたこともあったのでしょう。七~八世紀の記紀の作者は、（邪馬台国は中国の史書『魏志倭人伝』に書かれていることですから抹殺できても）人々の記憶に深く留められている大国主命を抹殺しようとしてもしきれない、それなら取り込んで、話が少し複雑になるが、天孫の傍系をつくって、（スサノオが）出雲に先に天降りしたというシナリオにしたようです。

出雲大社の祭祀は、創建以来、出雲国造家が担ってきました。出雲振根《ふるね》の弟飯入根の子の一二代鵜濡淳《うかつくぬ》より祭祀以外に出雲国の政治も兼ねることになりました。

奈良時代になっていましたが、七一三年に風土記編纂の命が出たとき、二四代出雲国造の果《はた》安《やす》と息子の（二五代国造の）廣島は、記紀を熟読して（『古事記』は七一二年、『日本書紀』は七二〇年に完成しています）、大和朝廷から許される範囲で、最大限、「大国主命」に象徴される旧出雲王朝時代からの思いを『出雲風土記』（七三三年完成）に記述したようです。国造廣島が全体の統括者として自ら名を記しています。『出雲風土記』によると、越の八口から帰還した大国主命は、長（永）江山の岩上でこう宣言したという。「葦原中国（つまり、日本）は天孫に譲るが、出雲国は私が断固守る」と。これは国造廣島の思いそのものだったでしょう。

三一代出雲国造国成の時代から、出雲国造は、地方政治の面から退き、祭祀のみ携わることになりました。これより国造新任時や遷都時には朝廷に参向し天皇の大前にて神賀詞《かむよごと》を奏上することになりました。これは七一六年に果安が行ったのがはじめてでした。この出雲国造神賀詞奏上の儀は、出雲国造による大和朝廷への大々的な服属儀礼であったとする解釈もあると言われていますが、この神賀詞奏上の最大の眼目は、大国主命の口を通して、四つの神―大神の神、葛木《かづらぎ》の高鴨の神、加夜奈流美《かやなるみ》の神、雲梯《うなて》の神―を「皇孫の命の近き守神」として「貢置」しますということでした。この四神はいずれも出雲系の神々であり、しかも大和朝廷以前から大和に存在していた神々であり、その神々でもってお守りしますと出雲国造の出雲の歴史や伝統への自負が感じられると言われています（現在の宮司は八四代国造千家尊祐《せんげたかまさ》氏であり、その子千家国麿《せんげこくまろ》氏は、二〇一四年に高円宮憲仁親王《たかまどのみやのりひとしんのう》の第二女子・典子さんをめとりました）。

木造文化の源流―出雲大社と伊勢神宮

横道に入ったついでに、記紀には、それぞれに（出雲）大社と（伊勢）神宮の話が載せられています。日本の社殿祭祀の形がこの時期、ようやく整い始めたことを示唆しています（日本建築の二大源流でもあります）。出雲と伊勢を比べると、出雲（大国主命）の祭祀は盤座《いわくら》信仰（古神道における岩に対する信仰のこと。自然崇拝・アニミズム）の時代から根づいており、大社創建以前にも長い歴史を有しています。これに対して伊勢（天照大神）の祭祀は、前述のように大和王権が確立する段階で、皇祖神の天照大神＝鏡を社殿に祭ったのにはじまるので、伊勢の祭祀の方が新しいのです。

このことは神殿の建物の構造にも認められます。出雲大社は九本柱でほぼ正方形の平面構成をとります。中心の柱がいわゆる心御柱《しんのみはしら》で、これが天井や屋根を支える上で大きな力となっています。この構造は、弥生時代の高床式倉庫に見られるものですが、住居としても用いられました。大社造《たいしゃづくり》と言います。

これに対して神明造《しんめいづくり》と呼ばれる伊勢神宮の神殿建築は、同様に高床式ですが、部屋の中央に心御柱がなく、建物の両側外に棟持柱があるのが特徴です。これは心御柱がないために弱体化する天井・屋根への支えを補う役割を持ったものですが、心御柱を取り除くことで部屋の内部を広く使うことができる利点があります。そして一方が、土地に住む人々によって祭られる土着神であるのに対し、他方は国家の宗廟《そうびょう》（祭祀を行う廟）でした。

現在の出雲大社本殿は、一七四四年に建てられたもので、高さは二四メートル（八丈）と、神社としては破格の大きさであります。しかし、かつての本殿は現状の倍ほどもあり、中古（平安時代）には四八メートル、さらに上古（平安より前）には九六メートル（三二丈）であった、という伝承があります。

建築学的には、空に向かって延びた何本もの柱の上に社が建つという形で可能であるとされましたが、実際にはどうだったかはわかりません（二〇〇〇年、境内から巨大な宇豆柱《うずばしら》（一本約一・四メートルの柱を三本束ねたもの）が発掘され、古代社殿の柱ではと騒がれましたが、結局、これは中世の遺構で、一二四八年造営の本殿である可能性が高いとされています）。

日本は世界的に見ても木造建築には定評がありますが、その日本木造建築の二大源流となったのが出雲大社と伊勢神宮でした。そのもとは日本建国神話と出雲神話の関係から生じたものでした。

四世紀の朝鮮の情勢と倭国の朝鮮進出

本論に返ります。四～五世紀、東アジアは動乱の時代でした。二六五年に魏に代わって建国した西晋は、二八〇年に呉を破って中国を統一しました（三国時代が終わりました）が、三一五年、匈奴の侵攻によって滅びました。中国は五胡十六国時代に入り、王朝の支配権は失墜し、周辺諸国に対する影響力が弱まりました。

それに連動して、朝鮮半島の政治情勢が不安定化し、満州東部の森林地帯に起源を持つツングース系貊《はく》族の国家・高句麗が南下して、三一四年に楽浪郡・帯方郡に侵入してこれを滅ぼし、さらに南下し続け、中国に代わって朝鮮半島北・中部の支配権を掌握しました。

朝鮮半島東南部では、辰韓《しんかん》諸国を糾合した斯盧《しろ》が新羅と称して強力となり、西部では、馬韓諸国を代表する伯済《はくさい》が百済を名乗り国際社会に登場してきました。こうして高句麗・新羅・百済の三国が成立し、南部の弁韓諸国でも、伽耶《かや》（加羅《から》）と総称されるような政治的なまとまりが生まれました。

四世紀中葉過ぎ、高句麗はさらに南下、朝鮮半島情勢はにわかに緊迫化しました。この高句麗の南下という出来事は、鉄原料を朝鮮半島南部に依存する倭政権（第二段階の大和王権）にとって大きな危機であり、さらに百済や新羅にとっては国家存亡の危機でした。新羅は高句麗に接近し、百済は倭政権と結んで高句麗に対抗しました。

できたばかりの倭の大和王権は、武器・農具の原料である鉄資源を確保するため、朝鮮半島への進出を開始し、半島諸国の国際関係にも介入するようになりました。倭国は伽耶諸国とりわけ任那と密接なかかわりを持ち、この地で古くより鉄原料を確保してきましたし、そこはまた各種の生産技術を輸入する半島の窓口ともなっていました。ここからは、勾玉、倭式土器（土師《はじ》器）など日本列島特有の文物が出土しますので、倭人が限定的に集団的に移住していたことがわかります。

倭国は朝鮮半島での利益を守るために百済の誘いにのって高句麗との戦いに参戦することとなりました。この頃は倭国軍が出兵したのは若狭湾で、日本海ルートで朝鮮へ行きました。なお、『日本書紀』によりますと、仲哀《ちゅうあい》天皇の急死（二〇〇年）後、神功皇后が二〇一年から二六九年まで政事を執り、二〇〇年から熊襲討伐の後、神功皇后はお腹に子供（のちの応神天皇）を妊娠したまま海を渡って朝鮮半島に出兵し、三韓（高句麗、新羅、百済）征伐を行ったことが、記されていますが、信憑性はありません。この時期は前述しましたように実際には邪馬台国の卑弥呼が政務をとっている時期でした。

高句麗の好太王碑

さらに四世紀末に倭の軍隊が朝鮮に出兵して高句麗と争ったことは、高句麗の好太王碑《こうたいおうひ》でわかりました。好太王碑は、四一四年、高句麗・長寿王が父の好太王の勲功を後世に伝えようと、王城である国内城・集安《しゅうあん》（現在の中国吉林省通化市）の東に立てた記念碑です。

三九六年の記事の前文には、「百済・新羅はもと高句麗の属民として朝貢関係にあったが、三九一年、倭が海を渡って進出してきて百済と新羅とを臣民化した」とあり、本文には、「高句麗王が百済の諸城を攻めて破り、百済王は高句麗に永く服従することを誓った」とあります。三九九年の記事には、「百済が高句麗との約束を破って倭と同盟関係を結び、倭が多数の軍勢で新羅の国境を攻めたため、新羅が高句麗に助けを求めた」とあります。

「四〇〇年、高句麗は新羅に救援軍を送り、新羅城（慶州《けいしゅう》）などを占拠する倭軍を撃退し、倭を任那伽羅の従抜《じゅうばつ》城まで追撃して降伏させた。……倭が水軍によって帯方郡の故地に侵入すると、好太王は軍を南下させて倭を大敗させ、四〇七年には、敵をことごとく斬殺して、甲冑一万余領を獲得した」とあります。

好太王碑《こうたいおうひ》は顕彰の文なので割り引いて見なければなりませんが、多分、倭国軍は大敗北だったでしょう。高句麗軍はのちのモンゴル軍と同じような騎馬軍団の戦闘システムをとっていたようで、敵の牛馬や羊を奪い、住民を拉致し、敵の武器を奪いながら、騎馬軍団が通った後は一木一草残らない戦法だったのでしょう。

倭王権は少なくとも三九一年から四〇七年までの一七年間、百済や伽耶諸国と結んで、高句麗・新羅と激しく戦いましたが、倭（日本）は、大陸の騎馬軍団とのはじめての戦いであり、惨憺《さんたん》たる敗北を喫したようです。しかし、倭王権は、前述しましたように鉄資源や先進文化がかかっていましたので、朝鮮半島支配の野望は五世紀を通じて捨てなかったようです（国内鉄源で製鉄できるようになるまで）。

南河内へ遷都した大和王権

倭国の政治や社会は新しい国際関係の中で大きな転換期を迎えることとなりました。この敗北で本腰で朝鮮問題に取り組む必要を感じた倭王権は、倭国王の王陵の地を南河内へと移動させました。王陵が南河内へ遷都したことは疑いなく、朝鮮半島での軍事・外交活動の失敗と限界の認識に立った対応であったことでしょう。第一にやるべきことは強力な騎馬軍団を作ることであり、それを大量に大陸に送り込めるようにする瀬戸内海航路を開拓することでした（度重なる高句麗との戦争で若者の漕ぎ手を失った日本海、九州の国々は衰退しました。その再建のためにも瀬戸内は重要でした）。そのためには大和の地ではなく水運にすぐれた南河内の地がよかったのです。

まず、朝鮮半島での騎馬軍団に大敗したので、倭王権は大陸の騎馬戦術を取り入れることが緊急に必要になりました。四世紀までの日本列島の前期古墳からは馬具が全く出土せず、それまでの日本文化に騎馬文化の要素はありませんでした。それが五世紀以降の古墳から馬具や騎馬兵の埴輪が多く発掘されるようになったことから、倭国が急速に騎馬文化を受容したことがわかります。

騎馬文化の受容

しかし、騎馬文化を採り入れると言っても、一朝一夕にできるものではありません。金井東裏遺跡（群馬県渋川市）では、六世紀初頭に噴火した榛名山《はるなさん》二ツ岳の火砕流に当時の村がそのままタイムカプセルのように保存されていました。この遺跡から、騎馬用の鎧《よろい》を身につけた男性（倭国の馬を飼育するムラの長）が火山に向かって祈るようにうつぶせに倒れ、家族の遺骨もありました。人骨の近くから三頭の馬の骨も発見され、ここで馬が飼育されていたようです。古代の馬の飼育地は火山周辺の広大な草原地帯であり、鹿児島、静岡、長野、群馬などで行われたようです。

古来、馬は国の命運を決めると言っても過言ではなく（一九世紀のナポレオン戦争まで）、大量に育てることは簡単にできることではなく、いつでも国家の最重要の事項でした。金井東裏遺跡の鎧の主は、私たちにその歴史の一端を見せてくれたようです（ヨーロッパの各王朝は馬の飼育マニュアルを国家機密としていました。紀元前九〇〇年頃、中国の西端で興った秦の先祖は馬喰《ばくろう》でやがて大量の馬を飼育して周王朝に収めるようになり、結局、大騎馬軍団ですべての王国を倒して中国を統一しました）。

また高句麗との戦いのためには、馬だけが問題だというものではありませんでした。高度な戦法やその他の学問、漢字の使用法や思想なども必要で、倭国はこれらを朝鮮半島から急遽、取り入れるようになったようです。さらに須恵器《すえき》（従来の土師器より高級な品）生産など、直接戦争とは関係のない技術や生活様式なども渡来人によって伝えられ、日本の文明化がはじまりました。やはり、大陸はあらゆる面で先進国であったようです。

五世紀の中国史書に登場した倭の五王（五天皇）政権の時代

五世紀にはいって、再び倭国が中国の史書に現れました。中国南朝の宋王朝（四二〇～四七九年）の歴史を書いた『宋書《そうじょ》』によりますと、五世紀初めから約一世紀にわたって、讃・珍・済・興・武の五人の倭王（天皇）があいついで中国の南朝に使いを送り、皇帝に対し朝貢し、官位・爵号《しょくごう》の授与を求めた記事が見られます。その目的は、朝鮮半島をめぐる外交戦で中国王朝の権威を借りて倭国の地位を少しでも有利なものにしようとしたと考えられています。

この五王は讃―第一六代仁徳《にんとく》天皇、珍―第一八代反正《はんせい》天皇、済―第一九代允恭《いんぎょう》天皇、興―第二〇代安康《あんこう》天皇、武―第二一代雄略《ゆうりゃく》天皇をあてるのが通説です（若干異なる説もあります）。

この時期の倭王権（大和王権）がなすべきことは、大陸の騎馬軍事技術の導入による富国強兵と瀬戸内海から九州にいたるルートの整備と防衛強化でした。その対策として推進されたのが難波津《なにわつ》の整備でした。

まず、仁徳天皇は堀江（上町台地を割り大阪湾に注ぐ大川）を作り、淀川の洪水を防ぐために堤を作るなどしましたが、何よりも仁徳天皇自身が大和盆地を離れ、難波の高津宮《たかつのみや》（現在の大阪市中央区）で即位（再即位）したことが、瀬戸内海重視の最大の意思表示でした。これは河内《かわち》王朝と呼ばれることがありますが、とくに朝廷の交代があったわけではありません。邪馬台国を倒した崇神天皇以来、一世紀の間、大和王権は大和周辺での宮都の移動は絶えずやってきたことであり、皇統の交代でも王朝の交代でもないと考えられます。この時期の天皇が大阪平野に宮都を置いたのは、大和周辺の地盤が固まり、次に瀬戸内海とその先にある地域へ（九州、朝鮮半島まで続くルート）の関心の高まりの政治的表現以外の何ものでもなかったでしょう。

（四世紀の巨大古墳が奈良盆地の三輪山付近に集中するのに対し、五世紀代には河内に顕著に大古墳がつくられたことをもって、ここに王朝の交替を想定する説がありますが、ここで「万世一系の天孫系」を捨てて、新王朝をことさら名乗るメリットはないと考えられますので、やはり、前述しましたように大陸をにらんで瀬戸内海重視という政策的な観点からの朝廷移動であったと考えられます）。

その瀬戸内海の航行を妨げていたであろう強固な存在が吉備国でした。吉備国は中国山地を挟んで出雲国や伯耆《ほうき》国（現在の鳥取県）と境を接し、とくに出雲国と古くから交流があったことは述べました。また、吉備国は邪馬台国とも深いつながりがあったことも述べました（出雲古族系の邪馬台国からも吉備式土器がたくさん発見されていました）。

このように吉備国と邪馬台国の関係はとくに強かったのですが、『日本書紀』によりますと、崇神天皇のとき吉備を帰順させるために吉備津彦（四道将軍の一人）を派遣しました。しかし、このときは不充分だったとみえて、五世紀に第二一代雄略天皇は反乱鎮圧（吉備氏の乱）の名目で吉備の勢力を鎮圧しました。この時期に吉備は大和王権のもとに完全に服属しました。この時期、大和と同じ巨大な前方後円墳が吉備に造られましたが（国内第四位の造山《つくりやま》古墳〈岡山市。三六〇メートル〉と第九位の作山《つくりやま》古墳〈総社市。二七〇メートル〉）、これは派遣されてこの地域を統治した皇族の古墳であって、皇族の力で在地の人々を威圧し続けた証だと言われています。中央では仁徳の巨大な前方後円墳が築造されたのもまさしくこの時期でした。

吉備とまったく同じ状況にあったのが丹波国（京都府中部。ここも邪馬台国以前から日本海ルートの拠点であり、鉄加工施設が集中していました。大和王権の時代にも重要拠点となっていました）で、丹波や吉備にある巨大前方後円墳は、現地の豪族が造ったのではなく、いわば占領軍であった大和王権側が築造したものです。

大和王権が朝鮮半島にこだわったのは鉄源をそこに頼らざるを得なかったという事情がありましたが、やがて、日本においても、六世紀になると、たたら製鉄が可能となりました。その産地が出雲であり（前述しましたように、すでに崇神天皇の時代に、出雲振根が討たれて大和政権の支配下にありました）、吉備であり、丹波でした。大和王権も富国強兵のためには、これらの地域を完全に抑える必要があったのでしょう。

倭国の五王（天皇）が中国に朝貢した話に返りますが、『晋書《しんじょ》』安帝紀などには、四一三年、倭王讃（仁徳《にんとく》天皇）が東晋へ遣使した記事が見え、中国南朝への朝貢は高句麗との一七年戦争直後から始まっていたことがわかります。

四二五年、讃が中国南朝の宋皇帝へ遣使・朝貢したさい、「司馬」の曹達《そうたつ》を使節として派遣して、官爵の授与を願い出ており、讃には「安東将軍倭国王」号が授けられました。「安東将軍」は、高句麗王や百済王の「大将軍」号より相当に低い称号でした。

以後、倭王（天皇）の宋への朝貢は続き、結局、倭の五王による宋皇帝への遣使・朝貢は計一〇回にのぼり、讃は四二一年、四二五年、四三〇年の三回、珍は四三八年の一回、済は四四三年、四五一年、四六〇年の三回、興は四六二年の一回、武は四七七年、四七八年の二回を数えました。讃が「安東将軍倭国王」（四二五年）、珍が「安東将軍倭国王」（四三八年）、済がやはり「安東将軍倭国王」（四四三年）の称号を得、さらに済は四五一年に「使持節都督六国諸軍事」を加号されています。四六二年、興は「安東将軍倭国王」、四七八年、武も済と同じ称号を得ています。

高句麗王は「征東大将軍」、百済王は「鎮東大将軍」の称号を得ていたのに対し、倭王はいずれも「安東将軍」でした。宋朝は、常に、高句麗王、百済王、倭王の順で将軍号を認めていました。宋朝としては、北の異民族王朝（北魏）を牽制する必要があり、それには高句麗と百済を頼りとせねばならなかったからです。中国南朝にとり倭国＝日本国の利用価値が高句麗・百済ほどにはなかったからです。

ここで注目すべきことは、倭国はこのような朝貢によって、中国（大陸）の軍事制度を導入していたことです。中国王朝では、皇帝から将軍号を授けられた臣下が府を開き、その下に「長史《ちょうし》」、「司馬《しば》」などの属官をおく制度が整っており、これを府官制《ふかんせい》と呼んでいました。たとえば、四三八年の珍の遣使・朝貢のさいには、さらに臣下一三人に「平西《へいせい》」、「征虜《せいりょ》」、「冠軍《かんぐん》」、「輔国《ほこく》」の将軍号を仮に授けてその承認を願い出ており、宋皇帝から正式の承認をえています。

こうして、倭国王（天皇）を府主とする大和王権の軍事・政治制度は、讃が「安東将軍」として府を開き府官をおいた時に始まりました。四三八年には王族や首長ら一三人も将軍に任命され、四五一年には、二三人が将軍や郡太守に任じられ、天皇による政治・軍事組織が整えられてきました。太守や将軍には、中央豪族が任命されて地方に派遣されたり、各地の有力首長が任命されたりしました。

軍事力を掌握した雄略天皇

五王（五天皇）の最後の武、つまり、第二一代雄略天皇（在位：四五六〜四七九年）は、第一九代允恭天皇の第五皇子でしたが、兄の皇子たちや奈良盆地西南部を本拠地とする葛城《かつらぎ》氏などの政敵を一掃して即位しました。

記紀は、五世紀後期の雄略天皇（大王）が中央集権体制を急速に整えようとしていた様子を伝えていて、雄略天皇の政権にはいくつかの特徴がありました。

①府官制や人制といった軍制と官人制の整備を進展させたこと。

②渡来工人を結集しつつ武器・武具、手工業製品などの生産と分配を集中管理したこと。

③有力首長連合体制を解体して、急進的な中央集権策を強化して国家づくりをめざしたこと。

④対宋外交を大きく展開させたこと。

⑤こうした施策を通じて、本州島の南北と朝鮮半島に対する支配権を拡大したこと。

などであります。

まず、平群真鳥《へぐりのまとり》を大臣《おおおみ》に、大伴室屋《おおとものむろや》と物部目《もののべのめ》を大連《おおむらじ》に任じて、地域国家群を大和王権に臣従させ、軍事力で専制王権を確立しようとしました。雄略天皇は皇子時代に同母兄たちを粛清し、五世紀初頭以来、天皇家（大王家）に拮抗するほど隆盛を誇った葛城氏を圧迫し、前述しましたように、葛城氏と結んで雄略天皇に反抗した吉備の雄族吉備氏を鎮圧しました。他にも、『日本書紀』には播磨の文石小麻呂《あやしのおまろ》や伊勢の朝日郎《あさひのいらつこ》を討伐した記事があります。

四七八年、倭王武（第二一代雄略天皇）が南朝宋《そう》の最後の皇帝順帝に奉った上表文（〝倭王武の上表文〟）に、

「封国は偏遠《へんえん》にして藩《はん》を外に作《な》す。昔から祖禰《そでい》躬《みずか》ら甲冑を環《つらぬ》き、山川《さんせん》を跋渉《ばっしょう》し、寧処《ねいしょ》に遑《いとま》あらず。東は毛人を征すること、五十五国、西は衆夷《しゅうい》を服すること六十六国、渡りて海北を平らぐ

ること、九十五国、王道融泰《ゆうたい》にして、土を廓《ひら》き畿を遐《はるか》にす。」

甲冑に身を固めた先祖が自ら陣頭に立って国土統一を行い、「東は毛人（蝦夷《えみし》？）を征すること五十五国、西は衆夷を服すること六十六国、渡りて海北（朝鮮半島？）を平ぐること九十五国」と述べています。もちろん、数字は整えられたもので実数ではないでしょう。あるいは、国というほどではなく邑《むら》と置きかえられるかもしれません。誇張はあるものの、五世紀後半ごろに、倭王（天皇）による日本列島の軍事面での統一が完成したと考えられます。つまり、五世紀後半頃が、実質、軍事的にも大和王権（天皇政権）が確立したと考えられます。

この時代のものと考えられる埼玉県行田市の稲荷山《いなりやま》古墳（一二〇メートルの前方後円墳）出土の鉄剣（金錯銘《きんさくめい》鉄剣）には辛亥《しんがい》年（四七一年）の紀年銘があり、そこには「獲加多支鹵《わかたける》大王」（雄略天皇の本名）の名が見えます。刻銘の年月が記され、八代の系譜を述べ、この一族が代々「杖刀人首《じょうとうじんのおびと》」として大王に仕えてきた旨が記されていました。同古墳群は五世紀後半～七世紀まで次々と営まれ、前方後円墳八基など三〇基以上からなっています。このように五世紀後半の雄略朝に、のちの舎人《とねり》に似た杖刀人による軍事組織の存在が確認できました。

これは、東国だけでなく西国でも、熊本県和水町《なごみまち》の江田船山《えたふなやま》古墳（六二メートルの前方後円墳）出土の鉄刀銘にも見られます。地方の有力豪族が大王（天皇）のもとに上番《じょうばん》して一定の職務に就いて奉仕する、そのような軍事体制が成立しており、また両銘文刀剣が近畿中枢部で製作され、東国と西国にもたらされたことも間違いありません。東国と九州の古墳に「ワカタケル大王」の名の見えることは、上述の「倭王武の上表文」の征服事業の記載とよく合っています。

以上のようなことから、雄略天皇の大和朝廷は軍事的にも倭国を把握した、いわば第二段階の大和朝廷の完成といえるでしょう。国家は戦争によってつくられたと言われますが、倭国（日本）も大陸、朝鮮半島での危機をみすえながら、形成されてきたようです。

有力豪族間の抗争

六世紀には大和政権の国内支配が安定し、むしろ政権内部の有力豪族間の抗争が目立つようになりました。

大伴氏と物部氏は大連として戦闘に従事していました。朝鮮半島では、五二七年に新羅が倭国の鉄源であった伽耶を占領したので、継体天皇は軍を送りましたが、九州の豪族磐井《いわい》の乱（磐井は新羅と通じていました）が起きて、倭国の伽耶支援は失敗しました。その責任をとって、大伴氏は失脚、物部氏の勢力も衰えました。

この磐井の乱は、国を二分する戦いで、九州倭国軍の主力も大きな痛手を受けました。この時大和政権は初めて水軍を瀬戸内海に通しました。これは、大和政権が大阪湾から瀬戸内海を通って朝鮮半島まで遠征した最初の記録と言われています。

また、この頃中国山地に眠る豊富な砂鉄を鉄にする大鍛冶《だいかじ》の技術、たたら製鉄技術が実用化され、朝鮮半島に何が何でも行かなければならないという必要性は薄らいできました。

大友氏、物部氏が後退し、それに代わって蘇我氏が台頭し財政と外交をまかされました。蘇我氏は、飛鳥に住みついていた秦氏、漢氏《あやし》、文氏《ふみし》などの渡来人を支配下に治め、大いに活用するようになりました。彼ら渡来人は、①対朝鮮・対中国の外交、②武器、鉄の鎧、馬具、農工具、高級絹織物などの高度な手工業技術、③律令、行政などの制度に秀でていたので、これを傘下に治めた蘇我氏が急速に力を得ることになりました。たとえば、蘇我氏は彼らの灌漑技術によって飛鳥一帯を豊かな農地に変えていって、莫大な富を得ることになりました。

物部氏も軍事と外交を司っていたので、朝鮮から積極的に文物を取り入れ、渡来人を使っていましたが、最も巧みに渡来人を活用したのが蘇我氏であり、物部氏と蘇我氏はことごとく対立するようになりました。

五三二年、新羅は伽耶を勢力下におき、百済と戦闘に至りました。日本書紀によりますと、百済の聖明王は、倭国に援軍を求めました。五四八年、倭国は武器と援軍を送りました。そのとき蘇我氏が百済に求めたのは文明の最先端である仏教でした（当時の仏教は仏像、仏典ばかりでなく、仏像、寺院の建築技術など最先端の文化でした）。

第二九代欽明天皇（在位：五三九〜五七一年）のときに、五五二年、百済の聖明王から仏像などが送られきました。感激した欽明天皇は、仏教を導入すべきかどうか、臣下に尋ねました。蘇我稲目《そがいなめ》は「西の国々はみな仏を礼しております」（日本書紀）と賛成しました。物部尾輿《もののべのおこし》は「我が国には一八〇もの神がおわし怒りをかいます」（日本書紀）と反対しました。このときは決着がつきませんでした（第一次崇仏論争）。

その後、第三一代用明天皇（在位：五八五〜五八七年）は仏教に対する関心が深く、死の床に臨んで自ら仏法に帰依すべきかどうかを群臣に尋ねましたが、このときも物部守屋《もののべのもりや》は猛反対しました（第二次崇仏論争）。これには用明天皇のあとの皇位継承問題もからんでいました。

そして、ついに物部氏は実力行使に出ました。きっかけは疫病の大流行でした。五八五年、物部守屋は、この疫病がおきたのは、日本の神々の怒りをかったからだとして、寺を焼き、僧侶を迫害しました。これで対立は決定的となりました。

五八七年、蘇我馬子は諸皇子を味方につけて物部守屋の屋敷を攻撃し、数百人の死者を出す激闘の末に物部守屋を滅ぼし、馬子の推す第三二代崇峻天皇《すしゅんてんのう》が即位しました（丁未《ていび》の役）。これ以後、蘇我氏は大和政権の政治を掌握するところとなりました。もはや仏教受容に対する抵抗勢力はなくなりました。

《三》飛鳥時代（五九二年～七一〇年）

飛鳥時代は、飛鳥に宮都が置かれていた五九二年（崇峻天皇五年）から七一〇年（和銅三年にかけての一一八年間を指します。

蘇我氏の台頭

そもそも蘇我氏が台頭してきた理由は、娘を天皇の妃にして大王家と親戚関係を結んだこともありました。五九二年、馬子は自分が擁立した崇峻天皇（在位：五八七～五九二年）と対立し、天皇を暗殺し、その後に馬子の姪にあたる第三三代推古《すいこ》天皇（在位：五九三～六二八年。日本最初の女帝。父は欽明天皇、母は蘇我稲目の娘）を即位させ、厩戸皇子《うまやどのおおじ》（聖徳太子。五七四～六二二年。父は用明天皇、母は蘇我稲目の孫。したがって、蘇我馬子は母方の叔父）を摂政に立てました。

五八一年、四〇〇年ぶりに中国を統一した隋の登場は、東アジア諸国に緊張が走り、政治権力の集中化をもたらしました。

倭国でも七世紀前半にかけて推古天皇とその甥・厩戸皇子（聖徳太子）が、王（崇峻天皇）殺しである大臣の蘇我馬子を牽制しながら、国政改革にあたり、天皇中心の中央集権的な国家をめざしました。

五九四年に出された三宝（仏・法・僧）を敬うべしという詔が示しているように、推古天皇は太子や馬子とともに仏法興隆に努め、斑鳩に法隆寺を建立させました。

六〇三年にいわゆる冠位十二階を定めました。前代の氏姓制度と異なり、氏ではなく個人に対して与えられ、世襲の対象にならず、豪族の身分秩序を再編成し、官僚制度の中に取り込む基礎を作るものでした。才能を基準に人材を登用し、天皇の中央集権を強める目的でした。

六〇四年、聖徳太子が作ったと言われる一七条の憲法が出されました。「一に曰《いわ》く和《やわらぎ》を以て貴しと為し、忤《さか》ふること無きを宗とせよ。……」「二に曰く、篤《あつ》く三宝を敬へ。三宝とは仏《ほとけ》・法《のり》・僧《ほうし》なり。……」「十七に曰く、夫れ事独り断むべからず、必ず衆《もろもろ》とともに宜しく論《あげつら》ふべし。……」のように、憲法の名を冠してはいますが、政府と国民の関係を規律する近代憲法とは異なり、その内容は、官僚や貴族に対する道徳的な規範が示されており、思想的には、儒教を中心とし、仏教や法家の要素も織り交ぜられています。

六〇七年の第二次遣隋使では小野妹子《おののいもこ》が派遣され、中国の皇帝・煬帝《ようだい》へ親書を渡しました。その親書には「日出ずる国の天子より日の没する国の天子に致す。恙無《つつがな》きや、云々。」とあり、あくまで朝貢外交の枠内ではあったものの、中国と冊封を受けずに自立した君主であることを認めさせることで、自主性を示す意図がありました。翌年からは入隋の使節に学問生・学問僧を同行させました。

六二〇年、聖徳太子と馬子は『天皇記』『国記』を編纂して献上しましたが、二年後の六二二年に太子が四九歳で逝去し、更に四年後の六二六年に蘇我馬子も亡くなり、六二八年に推古天皇も七五歳で崩御しました。

古墳の消滅―天皇陵の方墳化

前方後円墳の築造は、六世紀末~七世紀初頭の推古期に、近畿中枢部だけでなく各地でいっせいに終焉し、天皇墓は方墳化しました。方墳による天皇墓も一辺六〇メートルほどと急激に小型化しました。六二八年に没した推古天皇は薄葬を遺言しており、方墳に埋葬されました。五九三年改葬の用明天皇の河内磯長陵（太子町）や、蘇我馬子墓とされる石舞台《いしぶたい》古墳（明日香村）も推古陵とほぼ同規模の方墳でした。六世紀に大型前方後円墳が盛行した関東でも、七世紀初頭頃、方墳や円墳を営むように変わりました。

再び朝鮮半島の危機

六一八年、（高句麗攻撃に失敗して）隋が滅亡し、六二八年、唐の二代皇帝太宗が中国を再統一し強大な帝国を建設すると、政治的・軍事的緊張は一挙に高まりました。朝鮮諸国は国際的緊張に対処するため、それぞれの国で、さらに国内権力の集中をはかりました。

高句麗・新羅・百済の三国は、六二四年、そろって唐の冊封体制《さくほうたいせい》（中国の皇帝が周辺諸国の首長に王・侯などの爵位を授け、そのような国々を統属させるシステム）下に入り、唐の皇帝に、臣下の礼をとるようになりました。大陸と半島は地続きですので、七世紀前半のこのとき、唐を中心とする東アジアの国際秩序が形成されました。

そこで日本においても権力の集中の動きが出てきました。六二八年、推古女帝が死去すると、再び倭国は王位継承をめぐる群臣の意見は分裂しました。蘇我蝦夷《そがのえみし》（馬子の子）は田村王子（のちの舒明天皇）、境部臣摩理勢《さかいべのおみまりせ》は聖徳太子の子の山背大兄《やましろのおおえ》を推し群臣の意見が二分されましたが、蝦夷による摩理勢殺害によって田村王子が第三四代舒明天皇（在位：六二九〜六四一年）になりました。

そして、六三三年、倭国は、唐から官爵《かんしゃく》の授与を受けない関係、つまり、唐からの冊封の外に立つ道を選びとりました。大陸では、さらに、唐は南から高句麗を牽制しうる新羅と手を組み、高句麗に圧力をかけました。圧力をかけられた高句麗は百済と結び、錯綜《さくそう》した対抗関係が、大陸と半島の間に結ばれ、このような情勢のもと、日本は高句麗や百済と結び、唐と新羅に対抗するようになりました。

舒明天皇は六四一年に死去し、その皇后が第三五代皇極天皇《こうぎょくてんのう》（在位：六四二～四五年）として即位しました。この時代には蝦夷の子・蘇我入鹿《いるか》（六一一～六四五年）が政権を動かしました。入鹿は、いとこの古人大兄皇子《ふるひとのおおえのおうじ》を次の天皇にするため、六四三年、聖徳太子の子の山《やま》背大兄《しろのおおえ》を襲って、上宮王家《じょうぐうおうけ》一族を滅ぼしました。

強大な唐帝国の出現によって緊張した国際情勢に、それぞれの国がどのように対処するかという課題に対して、女帝のもとに王位継承者が鼎立するという不安定な状態を解消して、入鹿が権力集中をはかったのです。しかし、この事件は、大王家を中心とした反蘇我氏の気運を急速に強めました。

六四五年になりますと、唐の太宗（第二代皇帝）は、一〇万の大軍で高句麗の領土に攻め込みました。倭国は、高句麗・百済と親交を結んでいましたので、この唐の大軍による侵攻には衝撃を受けました。高句麗の次に、唐が攻めてくるのは倭国なのではないかと考えられたからです。

大化の改新

唐がまさに一線を越えた六四五年、倭国においては、中大兄皇子《なかのおおえのおうじ》などを中心とした宮廷勢力が、豪族の長である蘇我氏を滅ぼし、国内改革である「大化の改新」を行い、権力の集中をはかりました。

蘇我氏は蘇我稲目、馬子、蝦夷、入鹿の四代にわたり政権を掌握し、権勢を振るいました。中臣鎌足《なかとみのかまたり》（後の藤原鎌足）は、蘇我氏による専横に憤り、大王家（天皇家）へ権力を取り戻すため、中大兄皇子に近づき、蘇我氏打倒の計画を練り、蝦夷・入鹿に批判的な蘇我倉山田石川麻呂（蘇我石川麻呂）を味方にし、六四五年六月一二日、飛鳥板蓋宮《あすかいたぶきのみや》にて蘇我入鹿を暗殺しました。翌日には蘇我蝦夷が自らの邸宅に火を放ち自害し、蘇我氏は滅亡しました。これをこの年の干支にちなんで乙巳《いつし》の変《へん》と言います。

中大兄皇子と中臣鎌足は皇極天皇を退位させ、皇極天皇の弟を即位させました。その孝徳天皇即位の時から新たな時代の始まりとして日本で初めての元号「大化」を定めました。そして、六月一九日、孝徳天皇と中大兄皇子は群臣を大槻の樹に集めて「帝道は唯一である」「暴逆（蘇我氏）は誅した。これより後は君に二政なし、臣に二朝なし」と神々に誓いました。

六四六年（大化二年）正月、新政権の方針を示す四ヶ条の改新の詔が発布され、豪族連合の国家の仕組みを改め、土地・人民の私有を廃止し、天皇中心の中央集権国家を目指すものでした。四ヶ条の要旨は次の通りです。

①それまでの天皇の直属民（名代・子代）や直轄地（屯倉《みやけ》）、さらに豪族の私地（田荘）や私民（部民）もすべて廃止し、公のものとする（公地公民制）。

②初めて首都を定め、畿内の四至を確定させる。国郡制度に関しては、旧来の豪族の勢力圏であった国《くに》、県《あがた》などを整備し直し、令制国とそれに付随する郡《こおり》に整備しなおす。実際にこの変化が始まるのは詔から数年後でした。

③戸籍と計帳を作成し、公地を公民に貸し与える（班田収授の法）。

④公民に税や労役を負担させる制度を改革する（租・庸・調）。

　中大兄皇子、後の天智天皇《てんちてんのう》が、蘇我氏を滅ぼさなければならなかったのは、単なる権力争いなどではありませんでした。唐からの攻撃が予想され、東アジア世界が極度に緊張する中で、倭国としては国内の権力を、天皇の元に集中して対外危機に備える必要がありました。蘇我一族が除かれた六四五年の大化の改新によって、権力集中化は一定の進展を見せました。

　大陸では風雲急を告げていました。六五五年、唐の高句麗征討が再開され、これに乗じた百済は新羅を攻撃しましたが、新羅は唐に救援要請をし、唐は百済攻撃を決定しました。六六〇年、唐は一三万人の大軍を率いて百済を攻撃し、百済の義慈王が降伏し、百済は滅亡しました。倭国は、百済の遺臣からの派兵要請を受けて、第三七代斉明天皇《さいめいてんのう》（皇極天皇が重祚《ちょうそ》〈もう一度天皇になること〉、在位：六五五～六六一年）のもとで陣頭指揮をとっていた中大兄皇子は百済救援のため倭国軍を送りましたが、六六三年八月、朝鮮半島の錦江《きんこう》河口における白村江《しろすきのえ》の戦いで、日本・百済の水軍は唐・新羅の連合軍に大敗し、百済は完全に滅亡しました。六六八年には新羅によって高句麗も滅亡しました。

白村江での大敗によって、日本は朝鮮半島への足掛かりを失ったばかりでなく、逆に大国である唐の脅威にさらされることとなり、日本は存亡の危機を迎えました。敗戦を契機に中央集権的な国家の樹立と防衛体制の構築が緊急の課題となりました。

中大兄皇子は、唐・新羅軍の日本侵攻に備えるため、百済亡命貴族の指導をえて、北部九州や瀬戸内海沿岸の拠点に金田城（対馬）・大野城（太宰府）・屋島城（讃岐）・高安城（河内・大和の境）など朝鮮式山城を築くなど防衛を固めました。

また、日本は早急に国家体制を整える必要がありました。六六四年四月、同母弟・大海人皇子《おおあまのおうじ》を政局の正面にたて、内政改革の諸施策を発令しました。これを甲子《かっし》の宣（甲子の年。天智天皇三年）と言いました。まず冠位十九階制を冠位二十六階制に改定して、下級官僚の階数を増加するとともに、諸氏を大氏、小氏、伴造《とものみやつこ》らに区分し、それぞれの氏上《うじのかみ》に、大刀《たち》、小刀《かたな》、楯《たて》弓矢《ゆみや》を賜って、諸氏を統率する象徴としました。六七〇年、天智天皇は全国的な戸籍である庚《こう》午年籍《ごねんじゃく》の作成など諸施策を打ち出し、人民を把握する国内政策を推進しました。

六六一年、斉明天皇は筑紫の朝倉宮に滞在中に崩御しましたが、中大兄皇子は、その後、長い間皇位に即かず皇太子のまま称制しました。六六三年八月、白村江の戦いで大敗を喫した後、唐に遣唐使を派遣する一方で、六六七年、近江大津宮（現在の大津市）へ遷都し（これも防衛の一貫でした）、六六八年（天智天皇七）二月、ようやく第三八代天智天皇（在位：六六八～六七一年）として即位し、同母弟・大海人皇子（後の天武天皇）を皇太子（皇太弟）としました。

その一方、六七一年、自身の皇子である大友皇子《おおとものおうじ》（後の弘文天皇）を史上初の太政大臣《だいじょうだいじん》とし、左右大臣に旧来の有力中央氏族を登用して、大友皇子を後継者にする意思を見せはじめました。

天智天皇は、病に臥せるようになった六七一年一〇月に、大海人皇子を病床に呼び寄せて、後事を託そうとしましたが、大海人皇子は、皇太子を辞任し自らその日のうちに剃髪《ていはつ》して出家し、吉野宮（奈良県吉野）に下りました。天智天皇は六七一年一一月、代わりに大友皇子を皇太子としました。

六七二年一月七日、近江大津宮で天智天皇が四六歳で没すると、大友皇子が後を継ぎ、第三九代弘文天皇《こうぶんてんのう》（在位：六七二年一月九日～八月二一日）となりましたが（即位したかどうかは不明）、年はまだ二四歳に過ぎませんでした。

壬申の乱

六七二年七月、日本古代最大の内乱である壬申《じんしん》の乱が起きました。天智天皇の弟の大海人皇子と、天智天皇の子の大友皇子との間に起きた皇位継承争いであり、六七二年八月の瀬田橋の戦い（滋賀県大津市唐橋町）で近江朝廷軍が大敗すると、翌八月二一日に大友皇子は自決し、乱は収束しました。大海人皇子の吉野側の勝因は、東国の武力を掌握できたこと、地元豪族の勢力を結集したことでした。

壬申の乱に勝利した大海人皇子は、美濃から大和に入り、飛鳥浄御原宮《あすかのきよみはらのみや》（奈良県明日香村飛鳥）を営んで、六七三年二月、第四〇代天武天皇（在位：六七三〜八六年）として即位しました。同時に鸕野讃良皇女《うののさららのおうじょ》（後の持統《じとう》天皇）を皇后に立てました。

天皇専制と皇親《こうしん》政治

天武天皇は伝統的な貴族の合議体制をやめ、専制的な権力を掌握し、天皇を中心とした天皇専制支配体制を確立しました。天武天皇は権力集中を徹底し、天皇の神格化をはかり、大臣《おおおみ》を置かず、皇后とともに高市《たけち》皇子、草壁《くさかべ》皇子、大津皇子などの皇族で権力の中枢を固めました。これを皇親政治と言います。天武朝の官司は、王族が長官に任命されるという形をとりました。

しかし皇族が政権を掌握したわけではなく、権力はあくまで天皇個人に集中しました。重臣に政務を委ねることなく、臣下の合議や同意に寄りかかることもなく、天皇自らが君臨しかつ統治した点で、天武天皇は日本史上にまれな権力集中をなしとげました。

飛鳥《あすか》浄《きよ》御《み》原令《はらりょう》の編纂着手

天武天皇は、その強力な政治意思を執行していくために、官僚制度とそれを規定する諸法令の整備に着手しました。

六八一年（天武一〇年）二月、天武天皇は皇子・諸臣に対して、律令制定を命ずる詔《みことのり》を発令しました。天武紀には、親王・諸王及び諸臣を集めて、詔して「朕《われ》、今より更《また》律令を定め、法式を改めむと欲《おも》ふ。故《かれ》、倶《とも》に是の事を修めよ。然《しか》も頓《にわか》に是《これ》のみを務に就《な》さば、公事かくこと有らむ。人を分けて行うべし」とのたまうとあります。

しかし、律令が完成する前の六八六年に天武天皇が死去したため、その皇后の鸕野讚良皇女（後の持統天皇）と皇太子の草壁皇子が律令事業を継承しました。

飛鳥浄御原令の制定（続き）

服喪があけた後に、草壁皇子が次期天皇に即位する予定でしたが、六八九年に急死しました。飛鳥浄御原令が諸官司に頒布されたのは、その直後の六八九年（持統三年）六月でした。律は制定されず、令のみが唐突に頒布されていることから、草壁皇子の死による政府内の動揺を抑え、天武天皇の（律令制定という）遺志の継承を明示するため、予定を前倒しして、令二二巻のみが第四一代持統天皇（在位：六九〇〜六九七年）により急遽公布されたと考えられています。

このとき頒布された令の規定は、その後徐々に実現に移されました。翌六九〇年に勤務評定と位階授与を定めた考仕令《こうしりょう》を部分施行し、戸令《こりょう》によって戸籍を造ることが指示されました。戸籍を六年に一回作成すること、五〇戸を一里とする地方制度、班田収授に関する規定など、律令制の骨格が本令により制度化されたと考えられています。この戸籍を、この年の干支《えと》により庚寅年籍《こういんねんじゃく》と呼んでいます。これにより、戸の再編が行われ、税負担の均等化を図った五〇戸一里制が確立されました。

六九〇年に官員令《かんいんりょう》が施行され、高市皇子（父は天武天皇）を太政大臣、多治比嶋《たじひのしま》を右大臣《うだいじん》に任じるなど官人の任官が一斉に行われました。ついに一人の大臣も任命しなかった天武朝の皇親政治は、ここで修正されることになりました。

それまでの天武朝の官制と飛鳥浄御原令の官制との違いで重要なのは、納言のみで構成されていた政策審議機構の大政官に、太政大臣・左右大臣が置かれ、納言も大・中・少に三分割されて議政官組織が整備されたこと、天武朝の宮内官が整備され、のちの大宝令の宮内省・

中務省《なかつかさしょう》に相当する機構として六官と並ぶ位置づけを得たことでした。このように大宝令官制の基本は飛鳥浄御原令においてほぼできあがっていたのです。「日本」という国号や、「天皇」の称号も公式に定められたのは飛鳥浄御原令が最初でした。

飛鳥浄御原令は、急遽施行されたという事情もあり、必ずしも完成された内容ではありませんでした。そのため、律令の編纂作業はその後も継続されていき、最終的に七〇一年の大宝律令によって、天武天皇が企図した律令編纂事業が完成することとなりました。

諸氏の官僚化

天武天皇は、豪族・寺社の土地と人民に対する私的支配を否定した上で、諸豪族を官人秩序に組み込み、国家の支配を貫徹しようとする政策をとりました。

六七五年に、六六四年（天智三年）から諸氏に認められていた部曲《かきべ》（豪族の私有民）と、皇族、臣下、寺院に認められていた山沢、島浦、林野、池を取り上げるという詔を下しました。続いて、有力者が私的に支配を及ぼすのを否定して、官位官職や功績に応じて個人に封戸《ふこ》（食《じき》封《ふ》）を与える形式に切り替えました。封戸の導入自体は天武天皇の代以前からのもので、内実の転換が段階的に進められました。諸氏の支配下にあった人々は、ここに至って最終的に廃止（公民化）されたのです。これにより諸氏は、自立した豪族ではなく、食封（給与）を支給される官僚として位置づけられることになりました。

次いで六七八年（天武七年）には、官人の選考法（在任中の勤務状況を審査し、その成績に応じて官位を昇進させる方法）も定めました。官人の出身法・選考法は、官僚制度の基礎であり、これらはいずれも、天武朝に入ってはじめて定められたのです。

六七九年（天武八年）に、小錦以上の皇族・臣下に一斉に食封を与え、新制度への転換が完了しました。これと前後して六七九年に寺の食封の調査を命じ、六八〇年（天武九年）にその年限を三〇年に限りました。

なお、天武朝の中央官制は、のちの宮内《くない》省に相当する宮内官、神祇《じんぎ》官に相当する神官、そして太政官のもとに法《ほう》官、理《り》官、兵政《へいせい》官、刑《けい》官・民《みん》官・大蔵《おおくら》の六官が置かれていたと推定されています。

歴史書の編纂

六八一年（天武一〇年）は、注目すべき政策が多く着手されました。三月に歴史書の編纂が命じられたのもその一つです。

日本の歴史については、さかのぼる推古天皇の六二〇年、聖徳太子と蘇我馬子は『天皇記《てんのうき》』『国記《こっき》』を編纂して推古天皇に献上しました。天皇記は、皇室の系譜を記したものだと推定されています。国記は、倭国（日本）の歴史を記したもの、諸氏の系譜や由来・功績などを記したものなど歴史書であるとする説が有力でした。ところが、六四五年に起きた乙巳《いっし》の変（大化の改新）の際に、暗殺された蘇我入鹿の父の蘇我蝦夷は憤慨して大邸宅に火をかけ自害しましたが、この時に朝廷の歴史書を保管していた書庫までもが炎上し、『天皇記』など数多くの歴史書はこの時に失われてしまいました。

そこで、天武天皇は帝紀と旧辞の「偽《いつわ》りを削《けず》り実《まこと》を定め」る作業を行うことを思い立ち、稗《ひえ》田《だの》阿《あ》礼《れ》という二八歳の舎人《とねり》に命じて帝紀と旧辞の「誦習《しょうしゅう》」（暗誦しながら読み方を習う）を命じました。これは七一二年の『古事記』として結実しました。

また、六八一年（天武一〇年）には、天武天皇の勅命で大和朝廷の正式事業として国史の編纂もはじめられ、これがやがて七二〇年（養老四年）の『日本書紀』となって結実しました。いずれも完成は天武天皇の没後になりましたが、これらが日本に現存する最古の史書であります。二書を並行させた意図には定説がありませんが、内容は天皇家の支配を正当化する点で共通しています。

記紀ともに天武天皇によって、編纂がはじまったのですが、このことは神代の部分の王権神話の体系化がこの時期に推し進められたことを意味しています。長大な漢文で、一貫性を犠牲にして多数の説を併記した『日本書紀』が合議・分担で編纂されたのに対し、短く首尾一貫した『古事記』のほうに天武天皇個人の意志がかなり入った可能性が指摘されています。

まず、『古事記』の構成は、上《かみ》つ巻《まき》（序・神話）、中つ巻（初代神武天皇から一五代応神天皇まで）、下つ巻（第一六代仁徳天皇から三三代推古天皇まで）の三巻より成っています。

上つ巻は、天地開闢から日本列島の形成と国土の整備が語られ、天孫降臨を経てイワレヒコ（神武天皇）の誕生までを記しています。これは神話です。

中つ巻は、初代神武天皇から一五代応神天皇までを記しています。二代から九代までは欠史八代と呼ばれ、系譜などの記述のみで、説話などは記載がありません。そのため、この八代は後世に追加された架空の存在であるという説がありますが、実在説も存在します（本書では前述した通りです）。

下つ巻は、第一六代仁徳天皇から三三代推古天皇までを記しています。

『日本書紀』は、奈良時代の七二〇年（養老四年）に完成した日本の歴史書で、日本に伝存する最古の正史です。舎人親王らの撰で完成しましたが、『日本書紀』にはその成立の経緯の記載がありません。『日本書紀』の構成は、全三〇巻で、神代から持統天皇の時代までを扱っています。

実質、天皇家（天孫系）が大和王権の実権を握ったのは、前述しましたように第二段階の大和王権（天皇家）の時代からで、『古事記』では中つ巻の崇神天皇から、『日本書紀』では巻第五に登場する第一〇代崇神天皇からです。

したがって、紀元三〇〇年頃、邪馬台国を倒した第一〇代崇神天皇は、自らが天下を握るに至るまでの倭国の歴史を滅却して、天から天降ってきた天孫系の天皇家が倭国を支配するようになったという神話の部分が、『古事記』では、上つ巻（序・神話）に、『日本書紀』では、巻第一の神代上（かみのよのかみのまき）と巻第二の神代下（かみのよのしものまき）に記されています。この神話の部分は、記紀でいろいろな部分で違いはありますが、大筋では一致しています。

この神話の部分が天武天皇の創作であったか、実際の記紀の作者・記述者の創作であったか、過去の言い伝えであったか、判然としませんが、天武天皇が大きな役割を果たしていたことは想像できます（後世の歴史家は、記紀神話の歴史から、どれが真の歴史でどれが創作かを見分け、真の日本建国の歴史、日本の古代史をつくる必要があります）。

「天皇」号と「日本」国号の成立

「天皇」の語は、北極星を神格化した「天皇大帝《てんこうたいてい》」の語に由来します。この「天皇」が、倭の君主の称号として使用されるようになった時期については、かつては推古朝とみる説が一般的でしたが、推古紀の表記が、推古朝当時の表記を伝えていると断言することはできず、今日では、天武朝に成立したと見る説が有力になっています。
古代中国では地上からは天空のある一点を中心として星々が巡っているように見えることを知っており、そこを北辰と呼び（天の北極に該当します）、宇宙の中心と考えられていました。中国の唐の高宗は「天皇」と称し、死後（六八三年死去）は皇后の則天武后によって「天皇大帝」の諡《おくりな》が付けられました。これは日本の天武天皇による「天皇」の号の使用開始とほぼ同時期ですが、どちらが先であるかは研究者間でも結論が出ていません。

天武朝に「天皇」の語が存在していたことは、飛鳥池遺跡から、「天皇」と記した木簡が、「丁丑《ちょうちゅう》年」（天武六年、六七八年）の干支を記した木簡とともに出土しており、まず間違いありません。また、持統朝において天武を指して単に「天皇」と呼んでいる例があることからすると、「天皇」の語は、当初、天武を指す語として使用されはじめた可能性が大です。つまり、君主権の強化・神格化の進んだ天武朝に、はじめて採用され、それが以後、制度化された（飛鳥浄御原令）と見るのが妥当であります。

「天皇」号の成立に伴い、それまでの大后は「皇后」、太子は「皇太子」と呼称されるようになったと考えられています。これは、明らかに中国王朝の皇帝・皇后・皇太子という一連の称号を意識したものです（「皇帝」の語を用いたのは中国の秦の始皇帝からです）。他の国では、一般に王・妃・太子という称号を用いますが、「天皇」号は、皇帝号に準ずるという主張が込められていると見られます。つまり、天皇の「皇」は皇帝に通じるのです。

一方、天皇の「天」は天の神、ないしその至上神である天照大神に通じると見られます。天《あま》つ日嗣《ひつぎ》、天孫などのように、天皇に直接かかわりのある語彙《ごい》には「天」の字が用いられることが少なくありません。天皇の「天」も、天つ神、より限定的には天照大神の子孫であることを意味し、いわばその神性の由来を明示したものと解されます。つまり、「天皇」という二文字に込められた理念は、天つ神の系譜をひく〝神〟で、『古事記』『日本書紀』の神話の原作者が持っていた理念と同じと見ることができます。

天武天皇は、伊勢神宮を特別に重視し、この神社が日本の最高の神社とされる道筋をつけました。皇祖神としての天照大神を祭る伊勢神宮と斎王《さいおう》（斎宮《さいぐう》）の制度を整備しました。伊勢神宮を五十鈴川《いすずがわ》沿いの現在地に建て、式年遷宮開始も天武天皇の発意だったでしょう。これと密接に関連するのが、王権神話の体系化の推進です（いずれの国でも国家のはじめに建国神話と建国神の創造があります）。日本においては、『古事記』、『日本書紀』、いわゆる記紀の神話の部分です。前述しましたように、天武朝は、天照大神の重要性がにわかに高まって、その祭祀と神話の整備が行われた時期でした。

また、「日本」の国号についても、近年では、「天皇」号とともに天武朝に成立したと見る説が有力です。天武紀三年三月丙辰《へいしん》条に、対馬から銀が貢上された際、「凡そ銀の倭国に有ることは、初めて此《こ》の時に出《み》えたり」とあることから、天武朝初めの段階では、いまだ「倭国」と称していたことがわかります。一方、養老令《ようろうりょう》の公式《くしき》令には、「明神御宇日本天皇」とあり、大宝令でも同じであったと見られるから、大宝元年（七〇一年）以前に「日本」の国号が成立していたことは確かです。

いずれにしても、天武朝に「天皇」と「日本」という新たな君主号と国号が成立したのは、偶然ではありません。〝神〟に飛躍した強烈なカリスマ性の持ち主である天武天皇のもとで、天照大神の子孫である〝現神《あきつかみ》〟「天皇」と、天で照り輝く日神の真下にある国「日本」（日の本）が誕生したのです。「天皇」も「日本」も、天武天皇の人格と不可分なものとして産み出されたと言えましょう（もし、天武天皇が存在しなかったら、現在のような天皇制にはなっていなかったかもしれません）。

軍事強化政策

天武天皇は、官人と畿内の武装強化を特別な政策としました。六七五年に諸王以下、初位以上の官人の武装を義務付けました。命じた後には、六七六年に武器を検査しました。六七九年に迹見駅家《とみのうまや》から王卿の馬を駆けさせ、六八〇年には長柄神社で大山《だいせん》位以下の馬を閲して騎射させました。

その後、六八四年（天武一四年）に「政の要は軍事である」と述べて文武の官と諸人に用兵と乗馬を習えと改めて命じ、武装に欠ける者がいれば罰すると詔しました。その上で六八五年に京と畿内の人夫の武器を検査しました。官人武装政策は、天武・持統朝に特徴的で、前後には見られません。

六七九年には竜田山と大坂山に関を置き、難波には外壁を築かせました。六八三年に、諸国に陣法を習わせよと命じました。六八五年には軍隊指揮用具と大型武器を評（郡）の役所に納めさせました。律令制下で国軍主力の位置にあった軍団は、この時代にはまだ設置されていませんでしたが、官人の武装化は軍団創設以前の事情に対応したもので、指揮用具を評（郡）に収めさせたのも同じでした。

諸国の境界の画定

天武朝には、地方支配制度も整えられました。なかでも注目されるのは、六八三年（天武一二年）から六八五年（天武一四年）にかけて行われた国境の画定事業です。この事業は、技術者を含めた国境確定のための専門集団を派遣し、この集団が全国を巡行して画定していくという方法がとられました。この国境画定事業によって、それに伴って、国造制の廃止が決定されたと考えられています。

国領域の確定

六七七年（天武六年）以来、多禰《たね》（種子島）の朝貢の記録があり、六八二年（天武一一年）掖玖《やく》（屋久島）・阿麻弥《あまみ》（奄美大島）の人々も朝貢に訪れました。六八二年（天武一一年）には、南西諸島の多禰（種子島）、掖玖（屋久島）、阿麻弥（奄美大島）の人に禄が下されました。

こうした状況を受けて、六九八年（文武二年）四月、国覓使《くにまぎのつかい》と呼ばれる使者が武器を携帯して南島に派遣され、文武天皇即位後の朝貢を求めました。翌六九九年（文武三年）七月に多禰・掖玖・阿麻弥・度感《とかん》（徳之島）の人々が朝貢に訪れました。

東北では六八二年に陸奥国の蝦夷《えみし》に冠位を授け、越の蝦夷《えみし》伊高岐那《いこきな》に評（郡）を建てることを認めました。六九八年（文武二年）と七〇〇年（文武四年）に越後国や佐渡国に石舟《いしふねの》（磐舟）柵《さく》を修造させました。

また、六九八年に大野城など九州太宰府防衛のための山城を修理しました。六九八年と六九九年には、河内の高安城が修理されています。これらは、防衛を固めて律令国家の版図を維持・確定する施策の一環として理解することが出来ます。

九州南部では、六八二年（天武一一年）七月に隼人が多数朝貢しました。しかし、大宝律令施行の翌七〇二年から、隼人との武力衝突が生じました。衝突後、七〇九年までには薩摩国が置かれ、七一三年には大隅国も設置されました。その後、七二一年を最後に隼人の反乱の記録はありません。

八色の姓と新冠位

天武天皇は貴賤の違いを自己の望み通りに秩序づけようと、いくつかの氏族の姓《かばね》を引き上げて優遇する措置をとり、六八四年（天武一三年）に八色《やくさ》の姓《かばね》を定めて全面的に再編成しました。八色の姓とは、天武天皇が六八四年に新たに制定した真人《まひと》、朝臣《あそん》、宿禰《すくね》、忌寸《いみき》、道師《みちのし》、臣、連、稲置《いなぎ》の八つの姓の制度のことで、実際に賜ったのは、真人・朝臣・宿禰・忌寸の上位四姓でした。

旧来の臣・連・伴造《とものみやつこ》・国造《くにのみやつこ》という身分秩序にたいして、臣・連の中から天皇一族と関係の深いものだけを抽出し、真人・朝臣・宿禰の姓を与え、新しい身分秩序を作り出し、皇族の地位を高めました。上級官人と下級官人の家柄を明確にするとともに、中央貴族と地方豪族とをはっきり区別しました。古くからあった姓、臣・連・伴造・国造などもそのまま残っていて、臣、連の姓の上の地位になる姓を作ることで、旧来の氏族との差をつけようとしたのです。

天武天皇が確立した諸制度には、後の大宝律令・養老律令と細かな点で異なるところが見受けられますが、実質的な意義・内容は同じで、律令官人制の骨格をなすもので、天武政権のもとで、日本律令体制の基礎が定まったと見られています。

天武天皇の神祇《じんぎ》政策

天武天皇は日本古来の神の祭りを重視し、地方的な祭祀の一部を国家の祭祀に引き上げました。神道の振興は、外来文化の浸透に対抗する日本の民族意識を高揚させるためであったと説かれています。だがその努力は各地の伝統的な祭祀をそのまま保存することではなく、天照大神を祖とする天皇家との関係に各地の神を位置づけ、体系化して取り込むことにあり、究極的には天皇権力の強化に向けられていました。それぞれの地元で祀られていた各地の神社・祭祀は保護と引き換えに国家の管理に服し、古代の国家神道が形成されました。

鎮護国家仏教政策の推進

斉明天皇は、六六〇年に朝鮮半島での軍事危機のために仁王会《にんのうえ》を催し、仏法護持の鬼神が国土を守護すると説く仁王経《にんのうきょう》を講読させました。仁王経は、仏教における国王のあり方について述べた経典であり、仁王般若経《にんのうはんにゃきょう》とも称されます。

天武天皇も手厚く仏教保護を進めました。即位後、六七三年（天武二年）三月に川原寺で一《いっ》切経《さいきょう》書写の事業を起こしました。六七六年（天武五年）には使者を全国に派遣して、七世紀後半に伝わった鎮護国家《ちんごこっか》の根本経典である金光明経《こんこうみょうきょう》と仁王経を説かせ、六七九年（天武八年）には倭京の二四寺と宮中で金光明経を説かせました。金光明経は、国王が天の子であり、生まれたときから守護され、人民を統治する資格を得ていると記すもので、天照大神の裔《えい》（子孫）による現人神《あらひとがみ》（現神）思想と軌を一にするものでした。本人・家族の救済ではなく、護国を目的とした事業でした。こうして、仏教は鎮護国家仏教という国教化を強めていきました。

　七世紀初頭の初期仏教は蘇我氏や聖徳太子が主導する百済系仏教が主流であり、寺院は六二四年（推古三二年）に四六ヶ寺を数え、すべて氏《うじ》寺でした。六九二年（持統六年）には五四五ヶ寺に急増し、九州から関東までの各地に急速に広まっていきました。この五四五ヶ寺の多くはこうした郡寺《ぐんじ》でした。地方の文明化は鎮護国家仏教という仏教政策を中核に推し進められていきました。

　こうして仏寺の建立はいっせいに花開き、飛鳥・藤原京を彩る白鳳文化《はくほうぶんか》（天武天皇・持統天皇の時代が中心の飛鳥時代に華咲いた文化）の重要な要素となっていきました。

　しかし、天武天皇の仏教保護は、反面、僧尼に寺院にこもって天皇や国家のための祈祷に専念することを求め、仏教を国家に従属させようとするものでもありました。国家神道に対応する国家仏教であります。

富本銭《ふほんせん》の鋳造

　六八二年（天武一二年）には、銅銭の使用を命じて、銀銭の使用は禁止するとの詔が出されました。
飛鳥盆地の酒船石《さかふねいし》遺跡（明日香村岡）の北側の谷間に官営工房跡があり、富本銭（「富本」の文字のある銅銭）の工房からは富本銭・鋳棹《いさお》・原料銅・るつぼなどが多量に発見されました。六八三年（天武一二年）の銅銭使用命令記事、六九四年の黄文本実《きぶみのほんじつ》らを鋳銭司《じゅせんし》に任命したことなどを記した木簡を伴っていて、和同開珎《わどうかいちん》に先立つ最古の鋳貨が確認されました。

鋳型や鋳棹は中国の五銖銭《ごしゅせん》や開元通宝《かいげんつうほう》とよく似ており、中国の貨幣制が手本となったことは疑いありません。富本銭は飛鳥、藤原宮、平城京、大阪、長野、群馬などで発見されており、ある程度流通したようです。

新都の建設

天武天皇はかなり早い段階から、新しい都を造る意思を持っていました。天武天皇は代変わりごとに宮を移す旧慣をあらため、永続的な都を建設する抱負を持っていました。『日本書紀』によれば、即位から三年後の六七六年（天武五年）、「新城《にいき》」（新しい都）への模索は始まりました。

六八二年（天武一一年）三月、天武天皇は後に藤原京となる土地にみずから赴《おもむ》いており、このとき日本最初の本格的都城造営のゴーサインを出し、六八四年（天武一三年）三月に藤原の地に新宮を造ることを決定したものと考えられています。

しかし、六八五年頃から、天武天皇は病気がちになり、皇后が代わって統治者としての存在感を高めていきました。六八六年七月に、天武天皇は「天下の事は大小を問わずことごとく皇后及び皇太子に報告せよ」と勅し、持統天皇・草壁皇子が共同で政務を執るようになりました。そして、六八六年（天武一五年）九月、天武天皇は飛鳥浄御原宮で崩御しました。ところが、六八九年には皇太子の草壁皇子も没して、新宮の建設は持統天皇の代に持ち越しとなりました。

皇后（鸕野讃良）は草壁皇子の子（つまり鸕野讃良の孫にあたる）軽皇子（後の文武天皇）に皇位継承を望みましたが、軽皇子は幼く（当時七歳）当面は皇太子に立てることもはばかられました。こうした理由から鸕野讃良は自ら天皇に即位することにし、第四一代持統天皇（在位：六九〇～六九七年）となりました。

即位の後、天皇は大規模な人事交代を行い、高市皇子を太政大臣に、多治比島を右大臣に任命しました。ついに一人の大臣も任命しなかった天武朝の皇親政治は、ここで修正されることになりました。

持統天皇の治世は、天武天皇の政策を引き継ぎ、完成させるもので、飛鳥浄御原令の制定と藤原京の造営が大きな二本柱でした。

藤原京の造営（続き）

中断していた藤原京の造営は、六九二年（持統六年）五月に藤原宮の鎮祭儀式（地鎮祭）が行われ、以後、持統天皇は三度にわたって藤原宮を視察しました。

そして六九四年（持統八年）一二月、持統天皇は飛鳥浄御原宮から藤原宮に移りました。これにより、京域を伴う日本最初の都城、藤原京が成立しました。天武のやり残した仕事の大きな二つの柱のうち、都城の造営はようやくここに完成をみたのでした。

六九五年には、京内の宅地が班給され、冠位や戸の等級によってその広さが定められました。のちの平城京と同様、上級官人には宮に近い場所に宅地が与えられ、庶民は宮から遠いところに居住させられました。藤原京の人口については、正確な数はわかりませんが、三万から五万人との推測も行われています。

この藤原京は中国の長安・洛陽などにならった都城制を採用したことが確認されている最初の都で以後、藤原京は六九四～七一〇年の間、持統・文武・元明各天皇の都となりました。しかし、宮都としては欠陥や限界があったため、元明天皇による七一〇年（和銅三年）の平城京遷都までの一六年間たらずの短命で幕を閉じました。

持統天皇は六九七年八月に一五歳の軽皇子に譲位しました。軽皇子は第四二代文武天皇（在位：六九七～七〇七年）となりました。文武天皇時代の最大の業績は大宝律令の制定・施行でしたが、七〇一年（大宝元年）に大宝律令が完成し、翌年公布されました。

大宝律令の完成

大宝律令は、「律《りつ》」六巻・「令《りょう》」一一巻の全一七巻で、日本史上初めて律と令が揃って成立した本格的な律令でした。唐の律令を参考にしていましたが、日本の国情へいかに適合させるかが大きな課題とされていました。大宝律令編纂に携わったのは、刑部《おさかべ》親王・藤原不比等《ふひと》・粟田《あわた》真人《のまひと》・下毛野《しもつけのの》古麻呂《こまろ》らでした。

大宝律令を全国一律に施行するため、朝廷は明法博士を西海道以外の六道に派遣して、新令を講義させ、翌七〇二年、大宝律令を諸国に頒布しました。

大宝律令の施行は、六六〇年代の百済復興戦争での敗戦以降、積み重ねられてきた古代国家建設事業が一つの到達点に至ったことを表す古代史上の画期的な出来事でした。大宝律令の意義として第一に挙げられるのは、中国（唐）の方式を基準とした制度への転換にあります。大宝律令は、日本の国情に合致した律令政治の実現を目指して編纂されました。刑法にあたる六巻の「律」はほぼ唐律をそのまま導入していますが、現代の行政法および民法などにあたる一一巻の「令」は唐令に倣いつつも日本社会の実情に則して改変されていました。

この律令の制定によって、天皇を中心とし、二官八省（神祇官、太政官－中務省・式部省・

治部省・民部省・大蔵省・刑部省・宮内省・兵部省）の官僚機構を骨格に据えた本格的な中央集権統治体制が成立しました。役所で取り扱う文書には元号を使うこと、印鑑を押すこと、定められた形式に従って作成された文書以外は受理しないこと等々の、文書と手続きの形式を重視した文書主義が導入されました。

また地方官制については、国・郡・里などの単位が定められ（国郡里制）、中央政府から派遣される国司には多大な権限を与える一方、地方豪族がその職を占めていた郡司にも一定の権限が認められていました。

大宝律令の施行は、大化の改新後、種々の政治変遷をたどりながら、積み重ねられてきた日本の古代国家建設事業が、半世紀にして一つの到達点に至ったことを表す古代史上の画期的な出来事でした。このような、刑法である律と行政法としての令による土地人民支配体制を、律令体制と言い、この時から、日本は本格的な律令体制がはじまりました。日本は、この大宝律令の完成によって、官制、身分制度、司法制度、土地制度（班田収授法）、租税制度、軍事制度などを実施していきました。

日本国家の建国

さて、そこで日本の建国に返ります。国家とは何かということは、多くの議論がありますが、これまでの研究において、国家の指標として重視されてきたのは、次のような点であります。
①人々を統治するための行政組織、軍事・警察組織がそなわっていること。
②人々が、血縁によってのまとまりではなく、地域によって区分されていること。
③それらの組織を維持するために、人々から税を徴収していること。
　また、社会の分業、物資の流通、地域間の交流を掌握していること、都市が存在していること、官僚や身分制が成立していることなどを、重視する説もあります。

　つまり、国家とは、社会が支配する人々と支配される人々に分化していることを前提に、支配する側の人々によって作られた統治のための公的権力である、と言えるでしょう。歴史を動かす原動力の一つとした「人を支配しようとする統治欲」を体現化したもの、あるいはシステム化したものが国家であると言えましょう。

　世界に分散したホモ・サピエンスはユーラシア大陸の北方ルートで約四万年前に日本列島に到来した旧石器人を最初として、その後も「創造と摸倣・伝播の法則」のとおり、日本列島には大陸や朝鮮半島の先進技術や文化を持った人々が流入して、縄文人、弥生人となり、人口も増大していきました。

　弥生人がもたらした水田稲作が全国的に伝播すると（災害などによる増減はありましたが）安定して食料が得られるようになり人口が増大し、「統治の原理」が働き始め、国家形成へと進んでいき、二世紀後半の倭国大乱を契機に女王卑弥呼の邪馬台国を中心とした倭国連合国家にまとまりました。

この二世紀末に成立した邪馬台国中心の倭国連合国家には、役人組織や租税制度があり、国々には物資を交易する市があり、流通を監督する「大倭」という役人が置かれていました。国々には邪馬台国から派遣された大官と副官という地方監督官により統治され、九州の伊都国には官僚を常駐させ、大陸との外交の窓口としていました。三世紀中頃には、東日本の勢力に勝利して、九州から東日本までを範囲とするようになりました。これは、日本の最初の国家の成立であり、第一段階の大和政権であったと言えるでしょう。

四世紀はじめ頃、その邪馬台国の大和政権を倒した「大王」（天皇の祖先）の政権は、邪馬台国の統治システムをあまり変更なく継承して、第二段階の大和王権を形成しました。この大和王権は、大陸や朝鮮半島からの渡来人がもたらした先進知識や技術も生かして、国家統治の仕組みを段階的に高めていきました。

そして、五世紀後半頃に、第二一代雄略天皇は日本列島の軍事面での統一を完成し、実質、実力を備えた大和王権（天皇政権）が確立したと考えられます。雄略天皇の大和王権は軍事的にも倭国を把握した、いわば第二段階の大和王権の完成といえるでしょう。国家は戦争によってつくられたと言われますが、倭国（日本）も大陸、朝鮮半島での危機をみすえながら、形成されました。

前述した①、②、③にそってまとめると、次のようになります。

①については、五世紀後半の雄略天皇（ワカタケル大王）の時代に、すでに杖刀人という軍事・行政組織が存在し、六世紀には、倭政権の職務分掌制度である伴造制が整備されていきました。その後も、官僚制は、推古朝の冠位十二階を端緒に、孝徳朝の大化の改新、天智朝の甲子の宣、天武朝の氏族政策と、段階を追って整備されていきました。

②については、大和王権の最初の地方支配制度は、国造制でしたが、地域の豪族が支配した領域が国として扱われたようで、国造制の実態や中小豪族との関係など不明な点が多いものでした。大化の改新後も、国境の調査が行われましたが、それは評制《ひょうせい》の施行に伴い国造のクニを再編したためでした。これに対して、天武朝の末年に行われた国境画定事業は、技術者を含む専門集団が、全国を巡行して国宰《こくさい》（大宝令制下の国司）の国を画定していくという方法がとられました。持統朝の庚寅年籍は、この国宰の国ごとに作成されたのであり、これをもって、すべての人々を地域によって区分し、掌握するということが達成されたと言えます。

③については、課税の対象である人々を、どのように掌握していったかという問題であり、第二段階の大和王権の早い段階から屯倉の耕作者を登録した籍は部分的に作成されていましたが、課税対象となる成人男子を登録した戸籍が全国的に作られたのは、評制の施行に伴っての

ことと考えられます。

そして、すべての人々を、それぞれに姓名をつけて登録した最初の戸籍は、天智朝の庚午年籍であり、さらに、持統朝において、六八九年に飛鳥浄御原令ができ、その戸令に基づいて六九〇年に全国的な戸籍の庚寅年籍が作成され、課税の円滑化を図った編戸《へんこ》（五〇戸一里制に編成）が行われました。六九二年には、庚寅年籍に基づく口分田の班給が、畿内で開始され、同時に全国でも班田収授法が施行されたと推測されています。このように、③についても、段階的に整備されていきました。

以上、①、②、③の国家の指標を達成して出来上がったのが、日本の古代国家の完成・天皇制による大和朝廷でした。七〇一年の大宝律令の制定、あるいは七一〇年の平城京遷都をもって完成する律令国家が、日本という本格的な国家であったことには異論がないところでしょう。

天皇制国家・日本の建国

このように日本国家は段階的に形成されていきましたが、日本の古代国家は、日本社会内部の動きによって形成されていった面と、中国・朝鮮半島諸国との交流（戦争を含めて）の中で、その影響を受けて形成されていった面とがあります。まさに歴史を動かす原動力の「創造と摸倣・伝播の法則」のとおり、多くの渡来人、水田稲作の伝来や環濠集落の形成、騎馬文化の受容、仏教文化、そして律令制度そのものまで、中国や朝鮮半島諸国との交流が日本国家の形成に大きな役割を果たしました。中国では、日本に国家が形成されるはるか以前から、強大な国家が存在しており、朝鮮半島諸国は、その影響を日本より早く、より強く受けていたからです。

そのような中で、日本独自の社会の仕組み、統治の仕組みも創造されました。その代表的なものが天皇制であります。天皇制の起源は四世紀はじめに邪馬台国を倒して樹立された「大王」の大和王権にありますが、これも段階的に強化充実されていきました。しかし、天皇制樹立に決定的な役割を果たしたのは、壬申の乱に勝利し、人々から「大王は神にしませば」とあがめられた強烈な神的権威の持ち主であった天武天皇こそが、現神「天皇」と「日本」の生みの親でした。

七世紀後半の天武朝から持統朝に天武天皇が保持していた絶大な神的権威がさまざまな形で制度化され、天皇の地位の神格化がはかられていきました。「天皇」号とともに、「日本」号が正式に制度化され、大嘗祭《だいじょうさい》・大極殿《だいごくでん》・宣命《せんみょう》・即位式などが成立し、「現神」「天《あま》つ日嗣《ひつぎ》」「日の御子《みこ》」「高御座《たかみくら》」「皇祖《こうそ》」「皇孫《こうそん》」など、天皇に直接かかわる語彙《ごい》がととのえられたのもこの時期でした。

戦争が国家をつくったと言われますが、日本においても、白村江の戦いの敗戦以降、三〇年余り、唐の脅威に怯えながら、天智天皇、天武天皇などが急速に国家体制を整備していったことを述べました。さかのぼりますが、百済は六六〇年にすでに滅んでいました。六六八年に唐は高句麗を滅ぼしました。六七六年、朝鮮半島は新羅により統一をみました。倭国は、またまたここで悩んだはずです。このまま唐の冊封の外側にいることはできるのだろうか、と。

　そこで前述のように必死に国家体制を整えたのです。その目途がついて、唐に対し、三二年ぶりに、これまで中断されていた遣唐使を再開し、唐との関係の修復に乗り出しました。七〇二年に唐に派遣された遣唐使、粟田真人《あわたまひと》は、唐の則天武后《そくてんぶこう》に向かい、今回、私が唐にやってきたのは、倭国の遣《つか》いとしてではなく、日本という新しい国の遣いとして来ました、と説明しました。則天武后は粟田真人を気に入り、倭国から日本国への国号変更を認めました。まさに日本は、唐との間の七世紀後半の緊張した関係を、日本という新たな国だと主張することによって清算したのです。

　絶体絶命の危機にあって、国内的には大宝律令という新しい法令を整備し、対外的には新しい国・日本を建国しましたと言って、かつての敵国と外交関係を再開し、従来の敵対関係をゼロにし、そして、唐に向かって、日本という国は、このような国であると説明するための本が、『日本書紀』という、国家の編纂による最初の歴史書だったのです。それをやってのけたのが天武天皇の時代でした。

　こうした天武天皇の隔絶した神的権威はみごとなまでに制度化され、現神「天皇」の支配する「日本」が誕生しました。これは日本独特の古代天皇制国家の成立でした。古代天皇制の成立は、日本列島の君主（天皇）が神に飛躍し、日本的「天下」の究極の権威になるということを意味しました。その後、天皇制は現代に至るまで連綿と存続しました。これほど長期のものは世界に例がありません。

　その後、日本の歴史において、実質的な統治権の所在は、当初の天皇から摂政・関白→院（上皇）→武家政権→明治政府というぐあいに、ナンバー二に移っていきましたが、その統治権に正統性を付与する究極の権威が、一貫して〝神〟としての天皇のうちに保たれた、ということと深くかかわっていました。

　この天皇制国家・日本の建国は、単に長いだけでなく世界の歴史においても独特の意味を持つことになりました。これほど大きな国でこれほど戦争が少なかった国はないということです。『自然の叡智　人類の叡智』で世界の建国とその後の歴史を見てきましたが、古代も中世も近代も熾烈な戦争に満ちていました。それに比べると日本は戦争が少なかったと言えるようです。それは実質、ナンバー一の天皇が政治権力から離れ、祭祀を中心の国家の安寧と五穀豊穣を祈る象徴的存在であり続け（歴史の大部分ですでに象徴的存在でした）、あらゆる国民の心のよりどころとなっていて、それが日本国民の安定性の基盤となっていたからでしょう。

　第二次世界大戦後の一九四六年（昭和二一年）、昭和天皇の人間宣言によってその神格性が否定されるとともに、天皇は究極の権威ではなくなり、主権在民の日本国の〝象徴〟となったのです。ここで見てきましたように、国家も天皇も決して日本列島に本来そなわっていたものではないし、自然に誕生したものでもありませんでした。ここで述べてきましたように「天皇」は特定の歴史段階で人為的に創り上げられた君主でした。

人間宣言によって、〝神〟としての天皇はもはやその歴史を終えたのであり、同時に天皇の統治する〝神の国〟も永久に日本の歴史から姿を消したのです。現代の日本は〝神の国〟ではなく、国民が国民を統治する主権在民の民主主義国家で、天皇は日本国民の〝象徴〟であります。このことは現在の日本国憲法に定められていることであり、私たちはこの憲法と〝象徴〟天皇制をいつまでも守っていかねばなりません。

あとがき

私は出雲大社から数キロメートル西南の湖陵町（今は大社町も湖陵町も出雲市に合併されています）というところに生まれましたが、小中学校の頃は五月一五日の出雲大社の大祭礼の日には、学校が半ドンになり、午後は出雲大社にお参りし、神前にかかったサーカス小屋とか芝居小屋を見て歩くのが一番の楽しみでした。

私が生まれた一九四二年、大正生まれの長兄は旧制大社中学卒業後、中国・満州の満州鉄道に就職しましたが、会社から日本本国の専門学校に派遣・留学させられていました。一九四五年三月（昭和二〇年）卒業するとすぐ、門司港へ行きましたが、もう、中国大陸へ渡る船はなくなっており、そのまま大阪近郊の高射砲陣地に召集され、八月一五日の終戦まで軍務につきました。

五ヵ月間、毎夜、B29の空襲があり、高射砲を打ち続けましたが、とうとう一発も当たらなかったようだと自嘲していました。そして、翌日は山から降りて、毎日、市内の焼死体処理に動員されて、戦争の悲惨さを骨身にしみて感じたと言っていました。

軍務を解かれて、斐伊川の鉄橋を渡るとき、「国破れて山河あり」の感を強くし、「もう俺はどんなことがあっても出雲を出ないぞ」と決心したとのことでした。「戦争なんか言う奴は戦争を知らない奴や戦場に立つ必要のない政治家どもだけだ」が口癖でした。

やがて、私は学校で日本史を学び、旧制中学で国史を学んだだけの長兄と歴史の話をすると、話が食い違い、同じ国民でも、歴史教育でこんなにも違いが出るものかと教育の重要性を認識させられました。

その長兄は七〇歳を過ぎた頃から詩歌を学び、大国主尊《おおぐにぬしのみこと》や須佐之男命《すさのおのみこと》に関する神社仏閣や出雲神話を趣味にして足で歩いて、出雲神話を題材にした詩、俳句、短歌、歌謡歌詞づくりに専念していました。私が帰郷すると（私が『自然の叡智　人類の叡智』を書いていることを知っていましたので）、いろいろ質問をしてきました。そのつど、本書に書きましたようなことを話しますと、「そういうことか」と納得していました。

その長兄が二〇一八年『大正・昭和・平成の一〇〇年を生きる』という自叙伝&出雲神話詩歌集を作り、友人・知人に送っていましたが、そのあいさつ文で書いていたことが「国譲り・平和主義のシンボル出雲大社を世界の人類遺産にしてください」でした。その四ヶ月後、九六歳で死去しました。

筆者が代表を務める（株）21世紀新社会システム研究所HP　https://www.21nssr.org/

著者略歴

本田 幸雄（ほんだ ゆきお）

1942年、島根県生まれ。東京大学工学部機械工学科卒業。通産省入省、重工業局、資源エネルギー庁、工業技術院、（文部省出向）長岡技術科学大学教授、通産省機械情報産業局、中国通産局長。通産省退職後、医療福祉研究所、（財）愛知国際博覧会協会などを経て、現在、（株）二十一世紀新社会システム研究所代表。著書に『21世紀の社会システム』、『水田ハ地球ヲ救ウ』、『ベンチャービジネス成功への決定的条件』、『西暦2000年への選択』（監訳）、『地球白書』（監訳）、『二一世紀地球システムの創造』（共著）、『「グローバル・サンシャイン計画」で防ぐ劇症型地球温暖化』（幻冬舎、2021年５月）、『劇症型地球温暖化の危機　日本はこうして食料自給率100％を達成する』、『人類はこうして核兵器を廃絶できる　核兵器廃絶へのシナリオ』（幻冬舎、2021年11月）、『人類は原発と同居できない』、『人類はこうして戦争をやめることができる』（幻冬舎、2022年１月）、『日米中一五〇年の歴史　日本は米中冷戦を防ぐために何をすべきか』（幻冬舎、2022年２月）など。

幻冬舎ルネッサンス新書　247

アフリカのホモ・サピエンスが天皇制国家《てんのうせいこっか》・日本《にほん》を建国《けんこく》するまでの歴史《れきし》

2022年2月16日　第１刷発行

著　者　本田幸雄
発行人　久保田貴幸

発行元　株式会社 幻冬舎メディアコンサルティング
〒151-0051　東京都渋谷区千駄ヶ谷4-9-7
電話　03-5411-6440（編集）

発売元　株式会社 幻冬舎
〒151-0051　東京都渋谷区千駄ヶ谷4-9-7
電話　03-5411-6222（営業）

ブックデザイン　田島照久
印刷・製本　中央精版印刷株式会社

検印廃止

Printed in Japan
ISBN 978-4-344-93819-9　C0295
幻冬舎メディアコンサルティングHP
http://www.gentosha-mc.com/